北京地区
常见水生植物图谱

何春利　黄炳彬　薛万来　编著

中国水利水电出版社
www.waterpub.com.cn
·北京·

内 容 提 要

本书立足北京地区水资源、水环境、水生态特点，在水生态环境调查监测、评价研究、工程实践和查阅大量相关文献、资料的基础上，总结精选具有较高生态价值、对水体有较好净化作用，具有一定的观赏价值、便于管理的水生植物，以图文并茂的方式编写而成。本书共收录了北京地区常见的29科、39属、44种水生植物，通过挺水植物、沉水植物、浮水植物三个章节介绍了水生植物的形态特征、栽植方法、日常管护等内容。

本书可供水库库滨带、河道、湿地生态修复和水环境治理设计与施工人员参考借鉴。

图书在版编目（CIP）数据

北京地区常见水生植物图谱 / 何春利，黄炳彬，薛万来编著. -- 北京：中国水利水电出版社，2020.10
ISBN 978-7-5170-9011-3

Ⅰ. ①北… Ⅱ. ①何… ②黄… ③薛… Ⅲ. ①水生植物—北京—图谱 Ⅳ. ①Q948.8-64

中国版本图书馆CIP数据核字(2020)第213798号

书　名	**北京地区常见水生植物图谱** BEIJING DIQU CHANGJIAN SHUISHENG ZHIWU TUPU
作　者	何春利　黄炳彬　薛万来　编著
出版发行	中国水利水电出版社 （北京市海淀区玉渊潭南路1号D座　100038） 网址：www.waterpub.com.cn E-mail：sales@waterpub.com.cn 电话：（010）68367658（营销中心）
经　售	北京科水图书销售中心（零售） 电话：（010）88383994、63202643、68545874 全国各地新华书店和相关出版物销售网点
排　版	中国水利水电出版社微机排版中心
印　刷	北京印匠彩色印刷有限公司
规　格	184mm×260mm　16开本　9.25印张　231千字
版　次	2020年10月第1版　2020年10月第1次印刷
印　数	0001—1500册
定　价	**98.00**元

本 书 编 委 会

主　任　潘安君

副主任　杨进怀

成　员　孙凤华　李其军　刘春明　孟庆义　郑凡东

　　　　常国梁　张满富　宿　敏　叶芝菡　胡　鹤

　　　　胡晓静　楼春华　李文忠　李添雨　刘可暄

　　　　张耀方　张　焜　李卓凌　侯旭峰　邸炎铭

前　言

随着生态文明建设的不断推进，人们对美好生态环境的认识越来越深刻，对生态空间品质的要求也越来越高。《北京城市总体规划（2016—2035年）》也明确提出"保护和修复自然生态系统，维护生物多样性，提升生态系统服务""加强水系生态保护与修复，实现水城共融""提高城市生态品质，让人民群众在良好的生态环境中工作生活"等要求。探索用生态的办法解决生态问题，建设蓝绿交织、水城共融的生态城市，成为当前北京市水生态建设的重要工作。水生植物作为水生态系统的重要组成部分，越来越受到水生态环境工作者和大众的重视和关注。

本书依托水专项"北运河上游水环境治理与水生态修复综合示范"，立足北京地区水资源、水环境、水生态特点，在水生态环境调查监测、评价研究、工程实践和查阅大量相关文献、资料的基础上，总结精选具有较高生态价值、对水体有较好净化作用，具有一定的观赏价值、便于管理的水生植物，以图文并茂的方式编写而成。本书共收录了北京地区常见的29科、39属、44种水生植物，通过挺水植物、沉水植物、浮水植物三个章节介绍了水生植物的形态特征、栽植方法、日常管护等内容，可供河塘湖库水生态环境保护与修复的相关工作人员参考。

限于作者水平，加之时间仓促，错误和不当之处在所难免，敬请读者批评指正。

作者

2020年9月

目 录

第一章　概　述

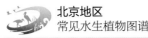
概
述

水生植物和陆生植物一样，在自然界广泛分布，但是不同种类有着不同的分布地带和不同的生长环境。在大大小小不同的河流、湖泊中，因海拔、纬度的不同，生长的水生植物种类也不一样，科学利用水生植物，可有效改善水体生态环境，是保护和治理水体环境的重要生物措施。

水生植物是指在生理上依附于水环境，至少部分生殖周期发生在水中或水表面的植物。它们由于常年生活在水中，其形态特征、生长习性和生理机能等方面和陆生植物都有明显差异，主要表现在：①水生植物的根系一般不发达或完全消失；②维管束和机械组织常不发达；③通气组织和排水器官发达；④营养繁殖能力和传粉特异性强。

在水体生态修复工作中，保护和恢复水生植被是改善水环境质量、恢复水生态系统健康的重要举措。对于以再生水为主要补给水源的城市景观水体，主要需做好两方面工作：①构建形成以水生植物为主的水生态系统；②实施保障水生态系统稳定运行的人工管控。通过查阅大量资料，并分析多年监测数据，水生植物可有效促进水体感官效果提升、水质指标显著改善、生物多样性不断增加，引导水生态系统进入良性循环，是提升再生水回用率、改善城市河湖景观水体水生态系统健康状况的重要解决方案。

本书将通过对北京地区常见水生植物的分类、生长、繁殖、习性、配置等进行介绍，以期为促进北京市水生植物恢复和水生态系统修复提供技术指导和借鉴。

第一节　水生植物的分类

水生植物按照形态特征和生长习性的不同，常分为挺水、浮叶、漂浮、沉水四种类型。

一、挺水类型

这类植物植株高大，茎叶挺拔，立于水面之上，根和地下茎生于泥中，有些种类具有发达的根状茎。比如：千屈菜（*Lythrum salicaria L.*）、慈姑［*Sagittaria trifolia Linn. var. sinensis (Sims.) Makino*］、菰［*Zizania latifolia (Griseb.) Stapf.*］、香蒲（*Typha orientalis Presl.*）、菖蒲（*Acorus calamus L.*）、莲（*Nelumbo nucifera Gaertn.*）等。

二、浮叶类型

这类植物的根和地下茎生于泥中，根状茎粗壮发达，茎通常细弱不能直立，叶漂浮在水面，有些花大而美丽。比如：睡莲（*Nymphaea tetragona Georgi*）、芡实（*Euryale ferox Salisb.exDC*）、荇菜［*Nymphoides peltatum (Gmel.) O. Kuntze*］、欧菱（*Trapa natans.*）等。

三、漂浮类型

这类水生植物种类稀少，但很有特色，根不生于泥中，全株漂浮在水面，北京地区常见的有：浮萍（*Lemna minor L.*）、水鳖［*Hydrocharis dubia (Bl.) Backer*］、槐叶苹［*Salvinia natans (L.) All.*］等。

四、沉水类型

这类植物的茎叶全部沉没于水中，根生于或不生于泥中，可供观赏的种类较多，但花普遍很小、花期较短，以观叶或株型为主，仅有水鳖科水车前属的一些种类花较大，开放时浮于水面，其他绝大多数种类花小并在水下开放。比如：苦草［*vallisneria natans (Lour.) Hara*］、菹草（*Potamogeton crispus L.*）、黑藻［*Hydrilla verticillata (Linn. f.) Royle*］、大茨藻（*Najas marina L.*）、穗状狐尾藻（*Myriophyllum spicatum L.*）、金鱼藻（*Ceratophyllum demersum L.*）等。

第二节　水生植物的作用

一、生态净化作用

我国水生植物净化水质的研究始于 20 世纪 70 年代中期，包括静态条件下多单种、多植物配置净化污水，以及采用动态方法研究水生植物对污水处理的影响。大量研究表明，水生植物可以吸收水中的营养物质，增加水中的氧含量，或抑制有害藻类的生长，防止营养物质从沉积物中重新释放，有利于水生态平衡，提高水体的自净能力，也是人工湿地系统的重要组成部分。

目前，我国大部分污水处理厂都实现了达标排放，但污水处理厂的排放标准与水体功能要求大都存在一定差距，污水处理厂尾水中含有的氮磷等营养元素，排放到河流、湖泊等水体后会增加氮磷负荷，造成水体富营养化，严重影响水体的生态系统功能。水生植物的净化功能具有环保生态、经济高效的特点，被认为是水体修复的重要组成部分。近年来利用水生植物净化污水的研究得到了广泛的关注，水生植物可以通过不同途径直接或间接地达到去除水体营养盐的目的。研究人员认为水生植物在人工湿地中主要起以下作用：直接吸收利用污水中可利用态的营养物质、吸附和富集重金属与有毒有害物质，错综复杂的根系为微生物吸附生长提供更大的表面积。此外，研究还发现，水生植物通过植物体茎干和根系将自身光合作用产生的氧气以及空气中的氧气运输到根系，通过根系释放到周围缺氧的环境中，为微生物的生长创造出一种氧化态的微环境，能够同时满

概述

足好氧、兼性和厌氧3种微生物的生长发育过程。在水生植物的协同作用下，微生物拥有了适宜的生活环境，能够进一步降解污水中的营养物质。

一种水生植物一般只能吸收降解一种或有限的几种环境污染物，而其他浓度高的污染物可能会造成其中毒。因此，在实际应用中优化水生植物的搭配具有非常重要的意义。在不同水域合理选择、搭配水生植物种类，有利于植物间的优势互补，保持对氮磷营养成分及有机物较好的净化效果，可有效发挥它们的生态功能。

通过对水生植物净化能力进行聚类分析，可分为高、中、低三类植物：高净化能力植物为芦苇、凤眼莲、香蒲、花叶芦竹、美人蕉等；中净化能力植物为旱伞草、马蹄莲、大藻、睡莲、槐叶萍、伊乐藻、满江红、水葱、苦草、菖蒲、金鱼藻、千屈菜、荷花、萍蓬草、梭鱼草、菱草、狐尾藻、再力花、菹草、轮叶黑藻、德国鸢尾、芡实、黄菖蒲等；低净化能力植物为菱等。研究表明，挺水植物芦苇、香蒲、花叶芦竹、美人蕉，浮叶植物睡莲，漂浮植物凤眼莲，沉水植物伊乐藻、苦草对农村生活污水具有较高的净化能力，适用于农村分散生活污水的植物修复治理中。凤眼莲属于外来入侵物种，在工程应用中需要采取一定的控养措施，以防其对原有生态系统产生危害。

二、景观作用

水生植物是景观水体生态系统中非常重要的组成部分，可以起到净化空气和防灾避难等多种作用，同时还可以给人们一种良好的视觉感受。在公园或风景区水域设计中，水和具观赏性的水生植物愈显其重要性。水是园林的灵魂，是构成园林景观的重要因素。水生植物以其自由自在的姿态、优美的线条、绚丽的色彩点缀在水与堤岸之间，增强了水的美感。通过引种野生水生植物，也可以提升水景的野生境界。

因此，在进行现代化城市园林水景观建设时一定要关注水生植物的配置，应该立足现实，抓住重点，做好水景观水生植物配置的规划与选择，实现绿色发展。同时，政府相关部门也应更加重视水生植物配置与景观净化作用相关的研究工作，提供政策以及资金支持，以期为人们提供更多的、更美丽的景观植物。

三、其他作用

水生植物除具有生态净化作用和景观作用外，还具有其他一些作用：①水生植物生长在水陆交界处，其发达的根系对土壤具有较强的扭结力，防止水流对岸坡的冲刷与侵蚀，是一种较为有效的生态护岸形式；②水生植物群落可以为亲水的水鸟、昆虫和其他野生动物提供食物来源和栖居场所，促进物质间的相互作用和循环往复，使得水体成为具有生命活力的水生生态环境，从而保持了水生环境的生物多样性；③水生植物中有许多是中药材，具有很好的药用价值，主要表现在抗菌、抗病毒，增强机体免疫能力，改善心血管系统、镇痛、保肝、抗肿瘤、利尿等方面。

第二章　水生植物配置、栽培及管理

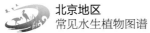

水生植物配置、栽培及管理

第一节　水　生　植　物　配　置

水生植物配置应坚持景观效果原则、净化水质原则、利于恢复水生态系统原则。

（1）景观效果原则。在观赏园林景观时，人眼的视线通常要高于水面的景观建设，这使得水表面的景观设计与岸边景观设计相辅相成，水表面和岸边的景观设计又会在水中形成倒影，园林景观的观赏价值由此得到大大提升。

（2）净化水质原则。水生植物在改善生态环境上也起着至关重要的作用，其使得水景观内的生态系统达到平衡状态，丰富了生态环境的生物多样性。在光合作用下，水生植物可以实现水下的气体交换，使得水中拥有较高的含氧量。与此同时，水生植物能够吸收吸附水中的有害物质，并与微生物共同起到净化水体的作用。

（3）利于恢复水生态系统原则。水面水域形态及景观需求的类型不同决定了其植物搭配方式的不同，在不违背水生植物本身特性的情况下，通常按照挺水植物—浮叶、浮水漂浮植物—沉水植物的层次进行配置，从而形成高低错落、动态有致、壮阔恢弘且富有韵律的水生植物景观。

第二节　水生植物的生长与繁殖

一、生长对环境的基本要求

1. 对光照的要求

阳光不仅是水生生物的能量基础，同时也是水生植物光合作用的能量来源。单位面积上的通量称为光照度，单位是洛克斯，在一定光照强度范围内，水生植物的光合作用速度随着光照强度的增加而增加，随着光照强度的减弱而降低，当光照强度增加到一定值时，光合作用速度不再增加，这时的光照强度称为光饱和点。光照强度超过饱和点时会引起叶绿素分解，对水生植物有害。水生植物的光饱和点随着水体中CO_2浓度的变化而改变，在CO_2浓度高的水体中光饱和点升高。当光照强度降到某一定值时，水生植物由光合作用制造的有机物与呼吸作用分解的有机物达到平衡状态，这时的光照度称为光补偿点。如果水生植物得不到充足光照，长时间处于光补偿点以下，有机物的呼吸分解多于积累，会造成水生植物干重下降甚至死亡。另外，水体温度对光补偿点也有一定影响，在弱光和高温条件下对水生植物生长发育是不利的。

2. 对温度的要求

温度是水生植物生长发育的最基本的环境因子，水生植物的各种生命活动无一不受温度条件的制约，各种水生植物对温度条件有着不同的反应和要求。水生植物维持生命和进行生长发育，必须有一定的温度范围，这个温度范围都有一个下限、上限和最适宜温度，即所谓的三基点，水生植物在不同的生长发育阶段具有不同的三极点温度。在最适宜的温度条件下，水生植物生长发育迅速；温度高于或低于发育上限或下限温度时，植物停止发育，但仍能生长；当温度超过生长的上限或下限时，水生植物停止生长，但仍能维持生命；温度超过生命的上限或下限温度时，生命不能维持而导致死亡。

二、繁殖

水生植物的繁殖与自然界其他生物一样，是为了保持种族的延续，增加个体数量，逐渐扩大分布区域。目前，除了自然繁殖以外，已经能利用多种办法和途径进行人工繁殖，并大大地打破了其自然分布区，做到了南种北移、北种南迁，如美洲黄莲、王莲、凤眼蓝早就在我国安家落户，我国的荷花也早就漂洋过海远走他乡，打破了国界和洲际界限。

水生植物繁殖可分为两大类：有性繁殖和无性繁殖。在多年生植物中，有些种类这两种繁殖方法可以同时并存。但在有的种类中无性繁殖器官极其发达，而有性繁殖系统有所退化，如在浮萍科中，通常很难找到有花果的个体，有的种类（如香蒲、芦苇等）虽然有性繁殖器官完好，功能齐全，但是花果太小，收集困难，人工播种稍有不慎还不易萌发，即使萌发也生长很慢；而无性繁殖比较简单、容易，见效又快，人们几乎遗忘了这类植物种子的繁殖作用，除了在自然情况下有时可见到种子萌发和实生苗的生长情况外，种子很少被人们所利用，多采用无性繁殖。在无性繁殖中，由于植物种类不同，用以繁殖的部位和器官也不一样，繁殖方法各异，因此水生植物繁殖具有多样性的特点。

（一）有性繁殖

人们常利用有性繁殖来培育新品种，发展和扩大水生植物种群。有性繁殖过程中，重要的是种子，如何利用种子资源发展水生植物，培育出新品种，都要从种子的采集、储藏、挑选和播撒工作做起。

水生植物选种比较简单，只要注意以下方面就可以保证种子质量：①充分成熟（经过后熟期）；②籽粒饱满、个大；③无病虫害、无缺损和霉变。

水生植物的播种比较麻烦，因为生长习性不同，要求的播种条件也不一样。当拿到某些种子时，首先要知道它们的确切名称和习性，才能有针对性地播种在适宜的环境中；

最好要知道是当年采收的种子还是经过储藏的种子，因经过储藏的种子发芽率常受到影响。为了获得好的发芽率，可根据种子的不同种类，采取一些不同的催芽措施。经过处理的种子萌发速度大大加快，发芽整齐，好管理。

种子繁殖，当种子萌发以后，在条件适宜的环境中，幼苗生长较快。挺水植物长到一定高度，或长出 3～4 片叶时就可移栽。无论是移到花盆里还是人工湖、池塘水体中，都应注意底质要松软肥沃，才能适合水生植物生长。栽培在其他天然水域中的，首先要去除水中的藻类和杂草等，其次要检查底质是否肥沃，淤泥是否板结、坚硬，尽量翻耕疏松到 20～30 cm 厚再进行栽种，利于植株生根，尤其是根状茎不好深入到泥中，影响生长和开花结果的情况。

在挺水植物中，多数种子较小，果皮和种皮较薄，容易萌发，通常不需要催芽，在播种前根据种子的不同种类和大小可以适当浸种，以提高发芽率、缩短发芽时间。浸种后的种子要及时播种，可以直接播种在苗圃配制好的土壤里，也可播种在处理过的基质里，上面都要稍加覆盖，保持基质的湿润，温度控制在 22～27℃，经过 16～30 天后种子即可萌发出苗。

如果种子经过催芽后一定要及时播种，不可延误。在播种莲、菱、芡实等经过催芽的种子时，一定要轻拿轻放，不能碰伤幼芽，以免影响出苗。播种方法较多，可以根据实际需要和环境条件进行选择，最常用的有直播法、床播法、盆播法（营养钵）三种。

1. 直播法

把种子直接播种在要栽培的水生植物的水域中，可采用撒播、条播、穴播等。在播种前要清除水域中的藻类、杂草、鱼等，疏松底质，根据种子的不同种类控制好水深等。这种方法适用于苗圃中大面积栽培，比较省工、省时，但操作粗放，掌握不好会影响幼苗生长及产量。

2. 床播法

把种子播于苗床中，待种子萌发后，挺水植物植株生长到一定高度，浮叶植物长出 3～4 片浮水叶时，再移栽到池塘、花盆中培养。苗床的大小、底质、水深等根据不同种类和计划繁殖量而定。比如，培育沉水类的水车前、苦草、水筛等和浮叶类的芡实、菱、莕菜等，水深 30～50 cm，底质可用稀塘泥，也可用细沙。床播法的发芽率比直播法高，好观察，可以适时移栽。如果培育挺水植物，底质可以用细沙，还可以用处理过的基质，每天定时喷水，保持苗床湿润而不积水。少量培育可在培养皿里进行，种子上下覆上药棉，保持湿润。

3. 盆播法（营养钵）

把种子直接播于花盆里，上面稍加覆盖保持湿润，如播种浮叶植物和沉水植物可以有积水。种子萌发后，随着种苗生长可逐渐增加水深。盆播法适宜栽植挺水植物、浮叶植物，待植株长到一定高度后可以把花盆置于水底，也可以置于陆地，同时在花盆里逐渐增加水深。

（二）无性繁殖

这种繁殖是直接由植物体的一部分离开母体，形成新的个体。这种方式具有速度快、易成苗、不会产生变异等特点，是水生植物中重要的繁殖方式，常用的有根状茎、球状茎、鳞茎、块茎、扦插、组织培养等。

根状茎、球状茎、鳞茎、块茎均为水生植物不同类型的变异茎，是植株营养体的一部分，为采用不同的切割形式进行繁殖的方式。

扦插繁殖也称插条繁殖或断体繁殖。通常用具节的茎或秆的一部分扦插于湿沙或泥中，使之生根发芽，形成新植株，大量繁殖芦苇、芦竹、金鱼藻、狐尾藻、眼子菜等均可使用此法。

组织培养法指将植物的组织器官或细胞在适当的培养基（液）中实行无菌培养的方法。这一方法在花卉工作及其他农林工作中都广泛应用。组织培养更适合于商品化大批量繁殖，成株时间更长。

第三节　水生植物栽培及管理

大部分水生植物的栽培与管理主要从光照、水深、底质等方面考虑。沉水植物对水深的适应性除植物种类外，还应考虑水的透明度这个非生物因子，水的透明度越好、光照越强，沉水植物分布得越深，这主要是由沉水植物的光补偿点决定的。

（1）光照。大多数水生植物都需要充足的光照，尤其是生长期，即每年4—10月间，如阳光照射不足，会发生徒长、叶小而薄、不开花等现象。

（2）水深。水生植物依生长习性不同，对水深的要求也不同。漂浮植物最简单，仅需足够的水深使其漂浮；浮叶植物较麻烦，水位高低需依茎梗长短调整，使叶浮于水面呈自然状态为佳。沉水植物则水深必须超过植株，使茎叶自然伸展。湿生植物则保持土壤湿润、稍呈积水状态。挺水植物因茎叶会挺出水面，须保持 50～100 cm 的水深。

（3）底质。水生植物的定植应注意底质要松软肥沃，这是决定植物生长好坏、开花多少的关键。凡是栽培在花盆、水池、初期的人工湖中的，最好是用附近湖泊、沼泽、沟渠等水域中经过多年沉积的淤泥，这样的泥土含有大量腐殖质，非常肥沃，适合水生植物生长。栽培在其他天然水域中的，首先要去除水中的藻类、杂草、鱼等，其次要检查底质是否肥沃，淤泥是否板结、坚硬，尽量翻耕疏松到 20～30 cm 厚再进行栽种，否则植株不好生根，尤其是根状茎不好深入到泥中，影响生长和开花结果。

（4）疏除。若同一水池中混合栽植各类水生植物，必须定时疏除繁殖较快的种类，以免覆满水面，影响睡莲或其他沉水植物的生长；浮叶植物生长量过大，叶面互相遮盖时，也必须进行分株。

（5）水生植物养护。水生植物的生长范围应严格控制，防止影响水面倒影；超出范围的叶片，应在水面以下适时割除；水生植物应做好病虫害防治工作；水生植物在水面及水面以上的枯黄部分应及时清除；为保护水生植物不被鱼类破坏，可在水生植物栽植区域四周设置围网。

（6）与其他生物质的关系。众所周知，大型水生植物群落水面以上部分是鸟类的筑巢场地，水面以下部分是鱼、虾的产卵地和幼鱼、幼虫的保护地，同时其表面上的生物又为幼鱼、幼虫提供食物。因此，适当保留植物残体，对水生生物栖息地保护十分有利。

第三章　挺　水　植　物 *

挺水植物

一
芦苇

别　　名：泡芦（湖南、湖北），芦子（山东），毛苇（天津），苇子，苇芦子（东北），葭

种拉丁名：*Phragmites australis (Cav.) Trin. ex Steud*

科　　属：禾本科芦竹亚科芦苇属

形态特征：多年生，根状茎十分发达。秆直立，高1～3 m，直径2～15 mm，叶片披针状线形，圆锥花序。

北京地区生长及分布：3月底至4月初为发芽期，随着温度升高快速生长，9月进入花果期。冬季落叶，植株挺拔，展现冬日之美。河流、湖泊、池塘沟渠沿岸、低湿地或旱地均有生长。生长适宜水深20～60 cm，最大不宜超过80 cm，水深超过80 cm后来年长势衰弱（水位变动除外）。不耐倒伏。

用　　途：秆为造纸原料或作编席织帘及建棚材料，茎、叶嫩时为饲料；根状茎供药用，为固堤造陆先锋环保植物。试验研究表明芦苇对总氮、总磷有很好的去除作用，同时抑制藻类生长。

栽植方法：①北京地区适宜栽植时间为4—7月，如果8月以后栽植，生长时间过短，营养积累少，越冬成活率受影响。②种植沟深度约10 cm。种苗可以是营养钵苗、带根移植苗也可以直接利用当年新生芦苇秆，切割成50 cm左右的枝条，带有3个以上节间，直接平铺在基质内，上部翘起，回填平整即可。种植密度也可根据设计确定，一般每平方米种植9～16丛，每丛2～4苗。

日常管护：芦苇栽植时适当控制水深，定植完成后水深保持在5～10 cm为宜。后期管护时，可根据芦苇长势，也可根据需要适当调节水位，最大水深不宜超过80 cm。

人工湿地石床芦苇群落（黑土洼湿地）

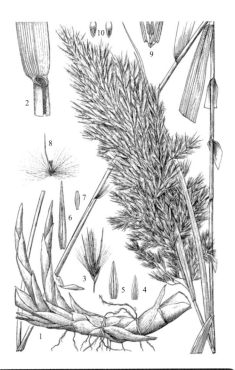

芦苇（来源于《中国植物志》英文修订版）
1. 植株；2. 叶舌；3. 小穗；4. 低颖片；5. 高颖片；
6. 外稃；7. 内稃；8. 小花；9. 浆片、雄蕊、雌蕊；
10. 颖果远轴和近轴观

芦花（黑土洼湿地）

芦苇幼苗根系（智泓拍摄）

人工湿地石床芦苇根系状况（黑土洼湿地）

挺水植物

二
香蒲

别　　名：东方香蒲、蒲草
种拉丁名：*Typha orientalis Presl*
科　　属：香蒲科香蒲属

形态特征： 多年生水生或沼生草本，根状茎乳白色，地上茎粗壮，向上渐细，高 1.3～2 m。叶片条形，光滑无毛，横切面呈半圆形，细胞间隙大，海绵状；叶鞘抱茎。雌雄花序紧密连接；雄花序长 2.7～9.2 cm，花后脱落；雌花序长 4.5～15.2 cm，基部具 1 枚叶状苞片，花后脱落。小坚果椭圆形至长椭圆形；果皮具长形褐色斑点。种子褐色，微弯。

北京地区生长及分布： 北京地区香蒲 4 月为发芽期，随着温度升高快速生长，8—9 月进入花果期。北京地区河流湖泊、池塘沟渠沿岸、低湿地均有生长。生长适宜水深 60～80 cm，最大不超过 1.2 m。

用　　途： 本种经济价值较高，花粉即蒲黄入药；叶片用于编织、造纸等；幼叶基部和根状茎先端可作蔬食；雌花序可作枕芯和坐垫的填充物，是重要的水生经济植物之一。另外，本种叶片挺拔，花序粗壮，常用于花卉观赏。试验研究表明，香蒲对水体中总氮、总磷有较好的去除效果，同时抑制刚毛藻生长，但冬季不收割植株在水中腐烂也易造成二次污染。

栽植方法： ①北京地区适宜栽植时间为 4—5 月。②种植沟深度约 15 cm，种苗一般采用地下茎分株直接栽植，带有 6 个左右的新芽，直接平铺在基质定植沟内，回填平整即可，也可采用种子营养钵育苗栽植。种植密度可根据设计确定，一般每平方米种植 9～16 丛，每丛 2～4 苗。

日常管护： 栽植第一年控制水深，定植完成后前期水深保持在 15～20 cm 为宜。后期随植株长高，可适应水深 60～80 cm，最深不宜超过 1.2 m。第二年开始适当调节水深即可。

香蒲群落（永定河）

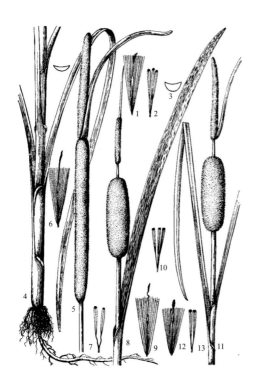

香蒲（来源于《中国植物志》）

1—3．香蒲 *Typha orientalis Presl*．：1．雌花；
2．雄花；3．叶片横切面。4—7．宽叶香蒲 *Typha lati-folia Linn*．：4．植株；5．花序和苞片；6．雌花；
7．雄花。8—10．普香蒲 *Typha przewalskii Skv*．：
8．花序和叶片；9．雌花；10．雄花。11—13．无
苞香蒲 *Typha laxmannii Lepech*．：11．花序和叶片；
12．雌花；13．雄花（蔡淑琴　绘）

人工湿地氧化塘香蒲群落（黑土洼湿地）

香蒲（黑土洼湿地）

挺水植物

三 莲

别　　名：荷花

种拉丁名：*Nelumbo nucifera Gaertn.*

科　　属：睡莲科莲亚科莲属

形态特征：多年生水生草本。根状茎粗壮，横走，粗而肥厚，有长节，节间膨大，内有纵行通气孔道，节部缢缩。叶圆形，盾状，直径25～90 cm，全缘，稍呈波状，柄常有刺，长1～2 m，挺出水面。花单生于长1～2 m的花梗顶端，直径10～20 cm，美丽，芳香，萼片4～5片，早落，花瓣多数，椭圆形，白色或粉红色，有时变成雄蕊，雄蕊多数，花药线形，花丝细长；花托在果期膨大，直径5～10 cm，海绵质。坚果椭圆形或卵形，长1.5～2.5 cm；种子卵形或椭圆形，长1.2～1.7 cm，种皮红色或白色。

北京地区生长及分布：北京地区4月为发芽期，随着温度升高快速生长，7—9月进入花果期。北京地区在河流湖泊、池塘以及河道缓流水湾中均可生长。生长适宜水深40～70 cm。

用　　途：根状茎叫藕，可作蔬菜或提制淀粉。坚果通称莲子，为名贵果晶。藕、藕节、叶、叶柄、莲蕊、莲房均可入药，有清热、止血的功效，莲手有补脾止泻、养心益肾等作用；叶为茶的代用品，又作包装材料。

栽植方法：北京地区荷花一般在4月初当气温稳定在15℃以上，土温稳定在12℃以上时开始种植。过早栽种，易使种藕受冻腐烂；过迟栽种，茎芽较长易受损伤，并且始花期推迟、观赏期缩短。

日常管护：平时注意水位变动，入冬以后收集枯枝败叶，莲藕必须埋入冻土层以下，注意防冻。

莲（来源于《中国植物志》）
1. 花；2. 叶；3. 花托具多数心皮及 2 雄蕊；
4. 根状茎（冀朝祯 绘）

荷花群落一（圆明园）

荷花群落二（圆明园）

挺水植物

四　菰

别　　名：茭白

种拉丁名：*Zizania latifolia (Griseb.) Stapf.*

科　　属：禾本科稻亚科菰属

形态特征：多年生挺水草本，具肥厚的根状茎。秆直立，高90～180 cm，基部节上生不定根。叶鞘肥厚，长于节间，叶舌膜质，略呈三角形，长达15 mm，叶片线状披针形，长30～100 cm，宽10～25 mm。圆锥花序长30～60 cm，分枝多数，近于轮生；雄性小穗生于花序下部，具短柄，常呈紫色，长10～15 mm，外稃具5脉，先端渐尖或具短芒，内稃具3脉，雄蕊6，花药长6～9 mm；雌性小穗位于花序上部，呈圆柱形，长15～25 mm，外稃具5条粗糙的脉，芒长15～30 mm，内稃具3脉。颖果圆柱形，长约10 mm。

北京地区生长及分布：北京地区生长在池塘、河流中，有人工栽培，嫩茎即茭儿菜。花果期8—9月。生长适宜水深20～50 cm。

用　　途：果实可食用。颖果称"菰米"，入药有止渴，解烦热、润肠胃的功效。根状茎、肥嫩的茎可作药，治疗心脏病等或作利尿剂。成熟后茭笋内形成黑色的病菌孢子，可用以画眉或调油脂染发。又为固堤或使湖沼变干的先锋植物。茭笋栽培历史悠久，各地品种很多。

栽植方法：北京地区日气温在15～20℃便可进行茭苗定植，定植时采用茭墩分株，尽量避免伤及蘖芽和新根。每株保持分蘖苗4～6个，每个分蘖苗有4～5片叶，株高25～30 cm，采用宽行窄株栽培法，行距1.0～1.2 m、株距0.6～0.8 m，每穴栽苗2～3株。栽培的深度一般以老根埋入土中10～15 cm为宜，过深不利于后期分蘖；过浅则着土不牢，茭苗会被风吹起，不利扎根成活。定植完成后调节水位在8～10 cm，以利于茭苗及早返青。

日常管护：平常注意调节水位变化，入冬前收割枯枝败叶。

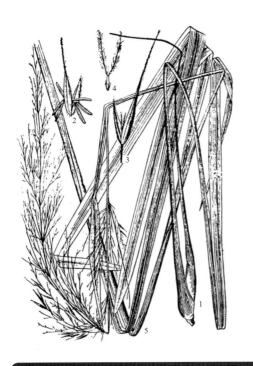

菰（来源于《中国水生维管束植物图谱》）
1. 生笋的菰；2. 雄花；3. 雌花；4. 雌蕊；
5. 不生笋而开花的菰

河道中茭白花序

人工湿地茭白群落（黑土洼湿地）

挺水植物

五 水葱

种拉丁名：*Schoenoplectus tabernaemontani*

科　　属：莎草科藨草亚科藨草属

形态特征：多年生草本。匍匐根状茎粗壮。秆高大，圆柱状，高 1～2 m，平滑，基部具 3～4 个叶鞘，鞘长可达 38 cm，管状，膜质，仅最上面的一个叶鞘具叶片。叶片细线形，长 1.5～11 cm。苞片 1，为秆的延长，钻状，常较花序短。长侧枝聚伞花序简单或复出，假侧生，具 4～13 或更多辐射枝，小穗单生或 2～3 个簇生于辐射枝顶端，卵形或长圆形，长 5～10 mm，宽 2～4 mm，密生多数花，鳞片椭圆形或宽卵形，长约 3 mm，棕色或紫褐色，有时基部色淡，背面有铁锈色突起小点，具 1 脉，边缘具缘毛，下位刚毛 6，等长于小坚果，有倒刺，红棕色，雄蕊 3，花药线形，柱头 2，少数 3，长于花柱。小坚果倒卵形，双凸状，少数三棱形，长约 2 mm。

北京地区生长及分布：北京地区生长在浅水湖边、浅水塘中或湿地草丛中，4 月发芽，花果期 8—9 月。生长适宜水深 20～50 cm。

用　　途：秆可编织和造纸，亦可入药，有清凉、利尿，除湿之效，主治水肿胀满、小便不利等，也可供观赏。

栽植方法：采用分株栽植法，4—5 月把越冬苗从地下挖起，抖掉部分泥土，用枝剪将地下茎分成若干丛，每丛保持 8～12 个芽，栽到池塘边浅水带，也可采用播种育苗后再定植，栽植密度 16～25 株 /m^2。

日常管护：平常注意调节水位变化，入冬前收割枯枝败叶。

水葱 (来源于《中国水生维管束植物图谱》)
1. 植株；2. 穗状花序；3. 各式苞片；4. 花；
5. 果实

湿地水葱群落 (黑土洼湿地)

水葱花序 (黑土洼湿地)

挺水植物

六　千屈菜

别　　名：水柳、中型千屈菜、光千屈菜

种拉丁名：*Lythrum salicaria L.*

科　　属：千屈菜科千屈菜属

形态特征：多年生湿生草本。茎直立，高达 1 m 左右，四棱形或六棱形，被白色柔毛或变无毛，多分枝。叶对生或 3 片轮生，狭披针形，长 3.5 ～ 6.5 cm，宽 8 ～ 15 mm，先端稍钝或锐，基部圆形或心形，有时基部略抱茎，两面具短柔毛或仅背面有毛，全缘，无柄。总状花序顶生，花两性，数朵簇生于叶状苞片腋内，花梗及花序柄均甚短；花萼圆筒柱形，长 4 ～ 8 mm，为宽的 2 倍以上，萼筒外具 12 条纵肋，被毛，顶端具 2 齿，呈三角形，附属体针状，直立，长 1.5 ～ 2 mm；花瓣 6，紫色，长 6 ～ 8 mm，生于萼筒上部，有短爪，稍皱缩，雄蕊 12，6 长 6 短，排成两轮，在不同植株中有长、中、短 3 种类型，与雄蕊 3 种类型相似，花柱也有短、中、长 3 种类型，子房上位，2 室。蒴果包藏于萼筒内，2 裂，裂片再 2 裂。

北京地区生长及分布：北京地区各区湖泊湿地或河边等均有生长，4 月发芽，花果期 7—9 月。生长适宜水深 20 ～ 50 cm。

用　　途：作为花卉植物，华北、华东常栽培于水边或作盆栽，供观赏，亦称水枝锦、水芝锦或水柳。全草入药，治肠炎、痢疾、便血；外用于外伤出血。

栽植方法：千屈菜采用分株繁殖为主，也可播种或扦插繁殖。早春或秋季分株，春季播种及嫩枝扦插。播种须在湿地进行。扦插于 6—7 月进行，将新枝剪下，插入泥水中，一个月可生根。分株在春季，将老株挖出，切分为多份，分别栽植即可。栽植每丛保持 4 ～ 7 个芽，栽植密度 16 ～ 25 株 /m²。

日常管护：平常注意防虫和调节水位变化，入冬前收割枯枝败叶。

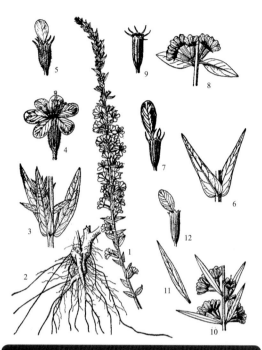

千屈菜（来源于《中国植物志》）
1—5. 千屈菜 *Lythrum salicaria L.*：1. 花枝；2. 根；3. 茎基部一部分示轮生叶；4. 花；5. 花萼和花瓣。
6—7. 中型千屈菜 *Lythrum intermedium Ledeb.*：6. 枝叶的一部分；7. 花萼和花瓣。8—9. 光千屈菜 *Lythrum anceps (Koehne) Mak.*：8. 花枝一部分；9. 花萼。
10—12. 帚枝千屈菜 *Lythrum virgatum Linn.*：10. 花枝一部分；11. 叶；12. 花萼和花瓣（何顺清　绘）

千屈菜（永定河落坡岭水库）

千屈菜（永乐店试验基地）

挺水植物

七 菖蒲

别　　名：泥菖蒲、野菖蒲、臭菖蒲
种拉丁名：*Acorus calamus L.*
科　　属：天南星科菖蒲属

形态特征：多年生沼泽草本。根茎粗壮，横卧，有香气，直径 1～2.5 cm。叶剑形，自根茎端丛生，革质，长 50～150 cm，宽 9～30 mm，有显著中肋。佛焰苞叶状，长 20～40 cm，宽 5～8 mm。肉穗花序圆柱形，长 4～9 cm，直径 1～2 cm，黄绿色，花两性，花被 6 片，条形，顶端平截而内弯，雄蕊 6，子房顶端圆锥状，花柱短，3 室。浆果红色，有种子 1～4 粒，果期花序粗壮 16 mm。

北京地区生长及分布：北京地区生长于河流湖库、溪边等湿地近岸区。北京地区 4 月发芽，花果期 7—9 月。生长适宜水深 20 cm。

用　　途：全草芳香，可作香料及驱蚊用；根茎入药，能辟秽开窍，宣气逐痰，解毒杀虫，主治痰涎壅闭，神识不清，腹胀腹痛，风寒湿痹、食欲不振、慢性气管炎、痢疾、肠炎等，外敷痈疽、疥疮，全株可作绿色农药。

栽植方法：菖蒲采用播种或分株繁殖。播种繁殖在早春进行，种子陆续发芽，待苗生长健壮时，可移栽定植。分株繁殖在早春或生长期内进行，用铁锹将地下茎挖出，洗干净，去除老根、茎及枯叶，再用快刀将地下茎切成若干块状，每块保留 3～4 个新芽，进行繁殖。在生长期进行分栽，将植株连根挖起，洗净，去掉 2/3 的根，再分成块状，在分株时要保护好嫩叶及芽、新生根。定植密度 15～20 株 /m^2。

日常管护：平常注意防虫和调节水位变化，入冬前收割枯枝败叶。

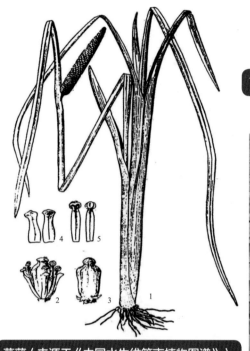

菖蒲群落（黑土洼湿地）

菖蒲（来源于《中国水生维管束植物图谱》）
1. 植株；2. 花；3. 雌蕊；4. 花被；5. 雄蕊

菖蒲花序（黑土洼湿地）

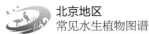

挺水植物

八

芦竹

别　　名：花叶芦竹、毛鞘芦竹

种拉丁名：*Arundo donax L.*

科　　属：禾本科芦竹亚科芦竹属

形态特征：多年生，湿生或浅水生草本。根状茎粗壮，发达；秆粗壮，直立，高3～6 cm，直径1.5～3.5 cm，坚韧，具多节，具分枝。叶鞘长于节间；叶舌截平，先端具短纤毛；叶片扁平，长30～50 cm，宽3～5 cm，上面及边缘微粗糙，基部白色，抱茎。圆锥花序大型，长30～60 cm，有时可达90 cm左右，宽3～6 cm，分枝稠密，斜上；小穗长1～1.2 cm，含2～4枚小花，外稃中脉延长为短芒，长0.1～0.2 cm，背面中部以下密生长柔后，长0.5～0.7 cm，基盘两侧上部具短柔毛，外稃长约1 cm，内稃长为外稃之半，雄蕊3枚。颖果细小，黑色。生长于河边、沟渠边、池塘边湿地或流水处，丰水期可生于水中。

北京地区生长及分布：北京地区有栽培，4月发芽，花果期8—10月。生长适宜水深20 cm。

用　　途：秆为制管乐器中的簧片。茎纤维长，长宽比值大，纤维素含量高，是制优质纸浆和人造丝的原料。幼嫩枝叶的粗蛋白质达12%，是牲畜的良好青饲料。

栽植方法：可用播种、分株、扦插方法繁殖，一般用分株方法。早春用快揿沿植物四周切成每丛4～5个芽，然后移植。扦插可在春天将花叶芦竹茎秆剪成每节20～30 cm，每个插穗都要有间节，扦入湿润的泥土中，30天左右间节处会萌发白色嫩根，然后定植。定植密度15株/m²。

日常管护：平常注意防虫和调节水位变化，入冬前收割枯枝败叶。

芦竹群落

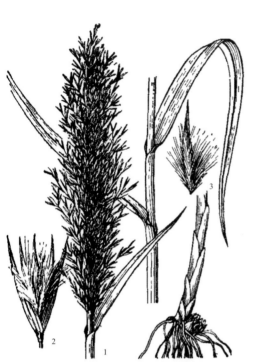

芦竹（来源于《中国高等植物图鉴》）
1. 植株、叶片和花序；2. 小穗；3. 外稃

芦竹花序

芦竹叶片

花叶芦竹

挺水植物

九 荻

别　　名：荻草、荻子

种拉丁名：*Miscanthus sacchariflorus*

科　　属：禾本科黍亚科荻属

形态特征：多年生草本。秆直立，高 110～160 cm，无毛，节具须毛。叶鞘无毛或有毛，叶舌长 0.5～1 mm，先端圆钝，具小纤毛；叶片线形，长 8～60 cm，宽 4～13 mm。圆锥花序扇形，长 15～30 cm，分枝较弱，每穗轴节具一短柄和一长柄小穗，小穗草黄色，披针形，长 5～6 mm，基盘具白色丝状柔毛，长约为小穗的 2 倍。第一颖先端膜质，渐尖，具 2 脊，边缘和上部具超过小穗 2 倍以上的柔毛；第二颖舟形，先端渐尖，边缘膜质而具小纤毛，具 3 脉。第一外稃披针形，较颖短，具小纤毛和 3 脉；第二外稃披针形，较颖短 1/4，先端尖，具小纤毛，内稃卵形，长约为外稃之半，先端具长纤毛，雄蕊 3，长 2～2.5 mm。

北京地区生长及分布：北京地区均有分布，生长于河边湿地和山坡草地。4 月发芽，花果期 8—9 月。生长适宜水深 20～30 cm。

用　　途：重要的野生牧草，马、牛、羊、猪、狍子及鹿等都喜食，可编帘、席及作造纸原料等，也可作为湖洲、淤滩及夏季波洪水淹灌的江岸河边固堤物种。

栽植方法：荻的繁殖能力相当强，可用茎、根状茎和种子进行繁殖。分株方法繁殖，早春留 4～5 个芽一丛，然后移植。扦插可在 5 月气温升高以后将茎秆剪成每节 20～30 cm，每个插穗都要有间节，扦入湿润的泥土中，30 天左右间节处会萌发白色嫩根，然后定植。生长期注意拔除杂草和保持湿度。无需特殊养护。

日常管护：平常注意防虫和调节水位变化，入冬前收割枯枝败叶。

荻群落

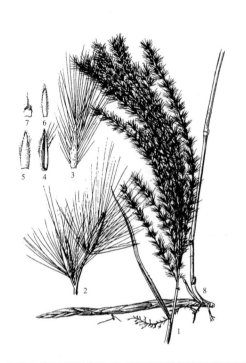

荻（来源于《中国植物志》）
1. 植株上部示总状花序排成伞房状；2. 孪生小穗；
3. 第一颖；4. 第二颖；5. 第一外稃；6. 第二外
稃；7. 第二内稃；8. 横走根状茎与植株下部（史
渭清　绘）

荻叶片

荻花序（黑土洼湿地）

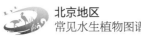

挺水植物

十 花菖蒲

別　　名：玉蝉花、紫色花菖蒲、粉色花菖蒲、白色花菖蒲

种拉丁名：*Iris ensata var. hortensis Makino et Nemoto*

科　　属：鸢尾科鸢尾属

形态特征：多年生草本，本变种具有种的基本特征，为园艺变种，品种甚多，植物的营养体、花型及颜色因品种而异。叶宽条形，长 50 ～ 80 cm，宽 1 ～ 1.8 cm，中脉明显而突出。花茎高约1 m，直径 5 ～ 8 mm；苞片近草质，脉平行，明显而突出，顶端钝或短渐尖；花的颜色由白色至暗紫色，斑点及花纹变化甚大，单瓣以至重瓣。

北京地区生长及分布：北京各区县均有景观栽培，花果期 6—8 月，生长适宜水深20 cm。

用　　途：性喜潮湿，作为园艺栽培多栽于河、湖、池塘边，或盆栽。花大而艳丽，可供观赏。

栽植方法：比较常用的就是种子播种和分株这两种繁殖法，播种宜春季进行，分株繁殖法春季、秋季均可，定植密度 25 株 /m^2。

日常管护：平常注意防虫和调节水位变化，入冬前收割枯枝败叶。

花菖蒲（马草河）

花菖蒲花

花菖蒲（来源于《中国植物志》）

1—3．北陵鸢尾 Iris typhifolia Kitagawa：1．带叶植株下部；2．带花枝植株上部；3．开裂蒴果。4—5．玉蝉花 Iris ensata Thuab：4．植株下部；5．带花枝植株；6．花菖蒲 Iris ensata Thunb. var.hortensis Makino et Nemoto：部分带花、叶的植株（于振洲　绘）

花菖蒲（圆明园）

挺水植物

十一　红蓼

别　　名：狗尾巴花、东方蓼、荭草、阔叶蓼、大红蓼、水红花

种拉丁名：*Polygonum orientale L.*

科　　属：蓼科蓼亚科蓼属

形态特征：一年生，湿生，浅水生或中生草本。茎直立，较粗壮，红褐色，节常膨大，上部分枝较多。叶片卵形至宽卵形，长 10 ～ 20 cm，宽 6 ～ 12 cm，先端渐尖，基部近圆形，全缘；托叶鞘筒状，膜质，褐色。花序由多数下垂的穗状花序组成大型圆锥花序。花排列紧密，淡红色至红色，稀白色；花被片 5 枚，深裂；雄蕊 7 枚；花柱 2 枚。瘦果近圆形，扁平，黑色。

北京地区生长及分布：北京地区河流岸边较常见，花果期 7—10 月。生长适宜水深 20 cm。

用　　途：全株可供观赏，尤其是花果期效果更佳。果实可入药，主要用于治疗胃痛、腹胀、脾肿大、肝硬化腹水、颈部淋巴结核等病。花被片宿存，穗状花序易于保持颜色，制作干花效果较好。

栽植方法：北京地区 5 月播种，种子撒在需要种植的地方，播种前，先深挖土地，敲细整平，按行距约 33 ～ 35 cm 开穴，深约 7 cm，每公顷播种量 9 ～ 15kg，覆盖 2 ～ 3 cm 的细土，出苗后要间苗，株距 25 cm 左右。

日常管护：平常注意防虫和调节水位变化，入冬前收割枯枝败叶。

红蓼（来源于《中国高等植物图鉴》）
1. 植株；2. 花；3. 种子

红蓼一（沙河水库）

红蓼二（沙河水库）

挺水植物

十二 水芹

别　　名：野芹菜、水芹菜

种拉丁名：*Oenanthe javanica(BL.) DC.*

科　　属：伞形科芹亚科水芹属

形态特征：多年生草本，高 15 ～ 80 cm。茎基匍匐，节上生须根，中空，圆柱形，具纵棱。基生叶三角形或三角状卵形，一至二回羽状分裂，终裂片形至菱状披针形，长 2 ～ 5 cm，宽 1 ～ 2 cm，边缘有不整齐尖齿或圆锯齿，柄长 7 ～ 15 cm。小辙形花序 6 ～ 20，组成复伞形花序，顶生，总花梗长 2 ～ 16 cm，无总苞，小总苞片 2 ～ 9，线形，花白色。双悬果椭圆形或近圆锥形，长 2.5 ～ 3 mm，宽约 2 mm，果棱显著隆起。

北京地区生长及分布：北京地区河流、湿地岸边常见，5 月萌芽，花果期 6—9 月。生长适宜水深 20 ～ 40 cm。

用　　途：茎叶可作蔬菜食用；全草民间也作药用，有降低血压的功效。

栽植方法：北京地区以播种育苗繁殖为主，工程上可以采购商品苗栽植，栽植密度 20 株 /m²。

日常管护：平常注意防虫和调节水位变化，入冬前收割枯枝败叶。

水芹（来源于《中国植物志》）
1—4. 水芹 *Oenanthe javanica* (BL.) DC.：1. 植株；
2. 花；3. 果实；4. 分生果横剖面。5—7. 卵叶水芹 *Oenanthe rosthornii* Dicls：5. 叶；6. 果实；
7. 分生果横剖面（陈荣道 绘）

水芹（官厅水库）

水芹花序（官厅水库）

挺水植物

十三 花蔺

别　　名：荔嫂

种拉丁名：*Butomus umbellatus L.*

科　　属：花蔺科花蔺属

形态特征：多年生水生草本，通常成丛生长。根茎横走或斜向生长，节生须根多数。叶基生，长 30 ～ 120 cm，宽 3 ～ 10 mm，无柄，先端渐尖，基部扩大成鞘状，鞘缘膜质。花葶圆柱形，长约 70 cm；花序基部 3 枚苞片卵形，先端渐尖；花柄长 4 ～ 10 cm；花被片外轮较小，萼片状，绿色而稍带红色，内轮较大，花瓣状，粉红色；雄蕊花丝扁平，基部较宽；雌蕊柱头纵折状向外弯曲。菁葵果成熟时沿腹缝线开裂，顶端具长喙。种子多数，细小。

北京地区生长及分布：沙河、汉石桥、野鸭湖、永定河、翠湖湿地、圆明园有分布，生长于湖泊、水塘、沟渠的浅水中或沼泽里。花果期 5—8 月。生长适宜水深 20 ～ 40 cm。

用　　途：花蔺的叶线形，挺出水面，姿态优美，夏季开花美观，花期较长，从 6 月到 9 月均有花可供观赏，为不多见的几种北方原生的较大型的挺水观花植物之一。

栽植方法：北京地区做园林美化栽培。播种繁育，4—5 月播种，穴播或条播均可，生长周期 180 天左右。分株繁殖，将整墩块茎清洗干净，保留 3 ～ 5 个牙点，定植浮土即可，定植密度 3 ～ 5 株 /m²。花蔺在气温低于 15℃时，停止生长。

日常管护：平常注意防虫和调节水位变化，入冬前收割枯枝败叶。

花蔺

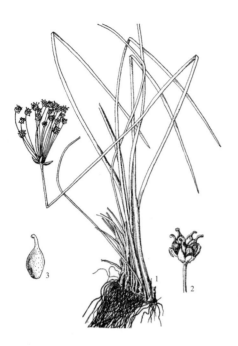

花蔺（来源于《中国植物志》）
1—3. 花蔺 *Butomus umbellatus L.*: 1. 植株；
2—3. 果实（陈宝联　绘）

花蔺花序

挺水植物

十四
雨久花

别　　名：浮蔷、蓝花菜、蓝鸟花

种拉丁名：*Monochoria korsakowii Regel et Maack*

科　　属：雨久花科雨久花属

形态特征：多年生水生草本。根状茎粗壮。茎直立，高 20～80 cm，基部常呈紫红色，全株光滑无毛。基生叶广卵圆状心形，长 3～8 cm，宽 2.5～7 cm，顶端急尖或渐尖，基部心形，全缘，具弧状脉，有长柄，有时膨胀成囊状，柄有鞘。由 10 余朵花组成总状花序，顶生，超过叶的长度，花梗长 5～10 mm，花直径约 2 cm，花被裂片 6，蓝色，长约 1 cm，椭圆形，顶端圆钝，花药长圆形，其中一个较大，浅蓝色，其余的均为黄色。蒴果长卵圆形，长 10～12 mm，种子长圆形，长约 1.5 mm，有纵棱。

北京地区生长及分布：生长于池塘、溪流边。花果期 6—9 月。生长适宜水深 20 cm。

用　　途：全草可作家畜、家禽饲料，也供药用，有清热解毒，消肿等功效。花美丽，可供观赏。

栽植方法：北京地区主要是秋播，在每年的 9 月中下旬以后进行。可进行分株繁殖，春季土壤解冻，将母株取出清理干净，用刀将根部切开，可以分为两株或者两株以上，均带完整的根系，适当修剪叶片和根部，可便于植株的成活。底质密度 20 株 /m²。

日常管护：平常注意防虫和调节水位变化，入冬前收割枯枝败叶。

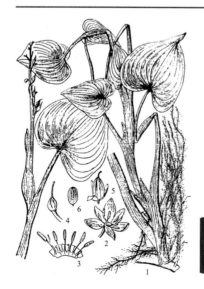

雨久花（来源于《中国水生维管束植物图谱》）
1. 植株；2. 花；3. 雄蕊；4. 雌蕊；
5. 果实；6. 种子

雨久花（沙河）

雨久花群落（沙河）

挺水植物

十五 鸭跖草

别　　名：竹节菜、碧蝉花、竹叶兰

种拉丁名：*Commelina communis Linn.*

科　　属：鸭跖草科鸭跖草属

形态特征： 一年生披散草本。茎匍匐生根，多分枝，长可达 1 m，下部无毛，上部被短毛。叶披针形至卵状披针形，长 3 ～ 9 cm，宽 1.5 ～ 2 cm。总苞片佛焰苞状，有 1.5 ～ 4 cm 的柄，与叶对生，折叠状，展开后为心形，顶端短急尖，基部心形，长 1.2 ～ 2.5 cm，边缘常有硬毛；聚伞花序，下面一枝仅有化 1 朵，具长 8 mm 的梗，不孕；上面一枝具花 3 ～ 4 朵，具短梗，几乎不伸出佛焰苞。萼片膜质，长约 5 mm，内面 2 枚常靠近或合生；花瓣深蓝色；内面 2 枚具爪，长近 1 cm。蒴果椭圆形，棕黄色，一端平截、腹面平，有不规则窝孔。

北京地区生长及分布： 北京地区河流、溪流常见，花果期 6—9 月。生长适宜水深 20 cm。

用　　途： 可做近岸水景栽培。药用为消肿利尿、清热解毒之良药。

栽植方法： 春季播种，种子催芽露白后即可撒播，覆土稍加镇压即可。6 ～ 7 插条繁殖，鸭跖草的每个节都可以产生新根，将植株的茎剪下，按设计的株、行距扦插定植，保持土壤湿润，适当遮阳即可。分株繁殖，春季在地上部分萌发前，将根挖出，分根定植，按设计的株、行距定植栽植区域。定植密度 25 株 /m^2。

日常管护： 平常注意防虫和调节水位变化，入冬前收割枯枝败叶。

鸭跖草（来源于《中国高等植物图鉴》）
1. 植株；2. 花

鸭跖草（来源于中国植物图像库）

挺水植物

十六
慈姑

别　　名： 华夏慈姑、剪刀草

种拉丁名： *Sagittaria trifolia Linn. var. sinensis (Sims.) Makino*

科　　属： 泽泻科鸢尾属

形态特征： 多年生沼泽草本。有纤匐枝，先端具小球茎。叶形变异较大，通常为三角状箭形，两侧裂片较顶端裂片略长，连基部裂片长5～40 cm，宽0.4～13 cm，顶端钝或短尖，基部裂片向两侧开展，柄长20～40 cm。总状花序顶生，少数为圆锥状花序，花单性，下部为雌花，具短梗，上部为雄花，梗较细长；苞片披针形，钝头或尖头，基部略连合，花瓣白色，较萼片大，近圆形，基部常有紫斑，雄蕊多数，花丝线形，花药卵形带深紫色；心皮多数，密集成球状。瘦果斜倒卵形，扁平，边缘有薄翅。

北京地区生长及分布： 北京地区湖泊、河道及池边均有生长。花果期6—9月。适宜水深20～50 cm。

用　　途： 可作家畜、家禽饲料；亦用于花卉观赏。

栽植方法： 慈姑繁殖方式是扦插繁殖和播种繁殖。扦插繁殖是选取一段健康的枝茎，然后插在潮湿的土壤当中养护即可；播种繁殖是收集慈姑的种子，然后撒播到土壤当中即可。

日常管护： 平常注意防虫和调节水位变化，入冬前收割枯枝败叶。

野慈姑（官厅水库）

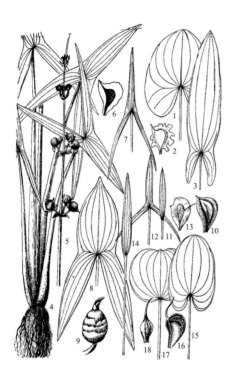

慈姑（来源于《中国植物志》）

1—2. 冠果草 *Sagittaria guyanensis H, B, K. subsp. lappula (D. Don) Bojin*：1. 叶片；2. 果实。

3. 浮叶慈姑 *Sagittaria natans Pall*：叶片。

4—6. 野慈姑 *Sagittaria trifolia Linn*：4. 植株；5. 花序；6. 果实。7. 剪刀草 *Sagittaria trifolia Linn. var. trifolla f. longiloba (Turcz.) Makino*：叶片。8—9. 慈姑 *Sagittaria trifolia Linn. var. sinensis (Sims) Makino*：8. 叶片；9. 块茎。10. 利川慈姑 *Sagittaria lichuanensis J. K. Chen et al.*：果实。11—13. 小慈姑 *Sagittaria potamogetifolia Merr.*：11. 条形叶；12. 箭形叶；13. 果实。14. 腾冲慈姑 *Sagittaria tengtsungensis H. Li*：叶片。15—16. 泽苔草 *Caldesia parnassifolia (Bassi ex Linn.) Parl.*：15. 叶片。16. 果实。17—18. 宽叶泽苔草 *Caldesia grandis Samuel*：17. 叶片；18. 果实（蔡淑琴　绘）

野慈姑（官厅水库）

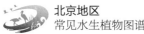

挺水植物

十七

泽泻

别　　名：水泽、如意花

种拉丁名：*Alisma plantago-aquatica L.*

科　　属：泽泻科泽泻属

形态特征：多年生沼泽草本，具短缩根头。叶基生，长椭圆形至宽卵形，长 5～15 cm，宽 2～8 cm，具 5～7 脉，先端具短尖，锐尖或凸尖，基部圆形或心脏形。花葶高 15～100 cm，直立，自基生的叶丛中抽出，圆锥花序通常由 3～4 个分枝组成，顶生，具苞片，花两性，萼片 3，宽卵形，长 2～3 mm，宽约 1.5 mm，宿存，花瓣白色，3 枚，脱落，雄蕊 6，心皮多数，离生。瘦果两侧扁，背部有 1～2 浅沟，长 1.5～2 mm，宽约 1.5 mm，柱头宿存。生长在沼泽，浅水池沼或河道内。

北京地区生长及分布：北京地区湖泊、河道及池边均有生长，花果期 7—9 月。生长适宜水深 20～30 cm。

用　　途：用于花卉观赏，入药主治肾炎水肿、肾盂肾炎、肠炎泄泻、小便不利等症。

栽植方法：同慈姑。

日常管护：平常注意防虫和调节水位变化，入冬前收割枯枝败叶。

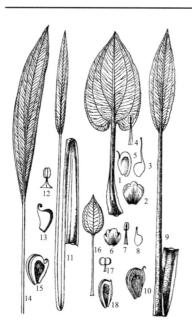

泽泻（来源于《中国植物志》）
1—5. 泽泻 *Alisma plantago-aquatica L.*：
1. 叶片；2. 内轮花被片；3. 子房；4. 雄蕊；
5. 果实。6—8. 东方泽泻 *Alisma orientale (Samuel.) Juz.*：6. 内轮花被片；7. 雄蕊；8. 子房。
9—10. 膜果泽泻 *Alisma lanceolatum Wither.*：
9. 叶片；10. 果实。11—13. 草泽泻 *Alisma gramineum Lej.*：11. 叶片；12. 雄蕊；13. 果实。
14—15. 窄叶泽泻 *Alisma canalieulatum A. Braun et Bouche.*：14. 叶片；15. 果实。16—18. 小泽泻 *Alisma nanum D. F. Cui*：16. 叶片；17. 雄蕊；
18. 果实（蔡淑琴　绘）

泽泻一（官厅水库）

泽泻二（官厅水库）

挺水植物

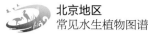

十八 黑三棱

别　　名：三棱

种拉丁名：*Sparganium stoloniferum (Graebn.) Buch.-Ham. ex Juz.*

科　　属：黑三棱科黑三棱属

形态特征：多年生草本，无毛。根状茎圆柱形。茎直立，高60～120 cm，稍具角棱，上部有短或较长的分枝。叶线形，基生叶或茎下部叶长达95 cm，宽达2.5 cm，基部稍变宽成鞘，中脉明显，茎上部叶渐变小。雌花序1个生最下部分枝顶端，或1～2个生于较上分枝的下部，球形，直径7～10 mm，雌花密集，花被片3～4，倒卵形，长2～3 mm，膜质，边缘常齮蚀状，雌蕊长约8 mm，子房纺锤形，长约4 mm，花柱与子房近等长，柱头钻形，雄花序数个或多个生分枝上部或茎顶端，球形，直径达9 mm，雄花密集，花被片3～4，长约2 mm，膜质，有细长柄，雄蕊3。聚花果直径约2 cm，果实近陀螺状，长约8 mm，顶部尖塔状。

北京地区生长及分布：生长在河边，池沼、湖泊，沟渠两旁及排水不良的河道中。北京地区沙河、永定河、翠湖有分布，花果期6—8月。生长适宜水深20～50 cm。

用　　途：可作牛马等饲料，药用有行气破血，消积止痛、通经下乳之功效，亦用于花卉观赏。

栽植方法：主要采用种子繁殖育苗，定植小苗，定植密度10～15株/m²。

日常管护：平常注意防虫和调节水位变化，入冬前收割枯枝败叶。

黑三棱花序（官厅水库）

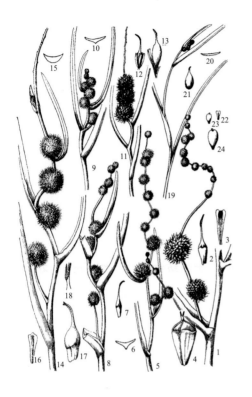

黑三棱（来源于《中国植物志》）

1—4. 黑三棱 *Sparganium stoloniferum (Graebn.) Buch.-Ham. ex Juz.*: 1. 花序—部分；2. 子房；3. 花被片；4. 果实。5—7. 沼生黑三棱 *Sparganium limosum Y. D. Chen*: 5. 花序—部分；6. 叶片横切面；7. 子房。8. 曲轴黑三棱 *Sparganium fallax Gratbn.*: 花序。9—10. 短序黑三棱 *Sparganium glomeratum Laest. ex Beurl.*: 9. 花序；10. 叶片横切面。11—13. 穗状黑三棱 *Sparganium confertum Y. D. Chen*: 11. 花序；12. 不孕子房；13. 果实。14—18. 云南黑三棱 *Sparganium yunnanense Y. D. Chen*: 14. 花序；15. 叶片横切面；16. 花被片；17. 子房；18. 柱头。19—21. 矮黑三棱 *Sparganium minimum Wallr.*: 19. 植株上半部；20. 叶片横切面；21. 果实。22—24. 无柱黑三棱 *Spargnium hy perboreum Laest. ex Beurl,*: 22. 花被片；23. 子房；24. 果实（蔡淑琴　绘）

黑三棱果实（官厅水库）

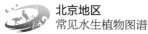
挺水植物

十九 马蔺

别　　名：马莲、马兰花、马兰、白花马蔺

种拉丁名：*Iris lactea Pall.*

科　　属：鸢尾科鸢尾属

形态特征：多年生密丛草本。根状茎粗壮，木质，斜伸，外包有大量致密的红紫色折断的老叶残留叶鞘及毛发状的纤维；须根粗而长，黄白色，少分枝。叶基生，坚韧，灰绿色，条形或狭剑形，长约 50 cm，宽 4～6 mm，顶端渐尖，基部鞘状，带红紫色，无明显的中脉。花茎光滑，高 3～10 cm；苞片 3～5 枚，草质，绿色，边缘白色，披针形，长 4.5～10 cm，宽 0.8～1.6 cm，顶端渐尖或长渐尖，内包含有 2～4 朵花；花乳白色，直径 5～6 cm；花梗长 4～7 cm；花被管甚短，长约 3 mm，外花被裂片倒披针形，长 4.5～6.5 cm，宽 0.8～1.2 cm，顶端钝或急尖，爪部楔形，内花被裂片狭倒披针形，长 4.2～4.5 cm，宽 5～7 mm，爪部狭楔形；雄蕊长 2.5～3.2 cm，花药黄色，花丝白色；子房纺锤形，长 3～4.5 cm。蒴果长椭圆状柱形，长 4～6 cm，直径 1～1.4 cm，有 6 条明显的肋，顶端有短喙；种子为不规则的多面体，棕褐色，略有光泽。

北京地区生长及分布：北京各地区均有分布，北京地区 3 月底 4 月发芽，花期 5—6 月，果期 6—9 月。水路两栖，水深不超 20 cm 为宜。

用　　途：耐盐碱、耐践踏，根系发达，可用于水土保持和改良盐碱土；叶在冬季可作牛、羊、骆驼的饲料，并可供造纸及编织用；根的木质部坚韧而细长，可制刷子；花和种子可入药。

栽植方法：栽培种子直播，亦可无性繁殖，进行分株移栽繁殖。

日常管护：平常注意防虫和调节水位变化，入冬前收割枯枝败叶。

马蔺群落（黑土洼湿地永引口）

马蔺（来源于《中国植物志》）

1—2．马蔺 *Iris lactea Pall. var. chinenis (Fisch.)*
Koidz.：1．带根状茎植株；2．果枝。3—4．细
叶莺尾 *Iris tenuifolia Pall.*：3．植株；4．果实。
5．矮莺尾 *Iris kobayashi Kitagawa*：植株（于振洲、
赵毓棠 绘）

马蔺（黑土洼湿地永引口）

挺水植物

二十
豆瓣菜

别　　名：西洋菜

种拉丁名：*Nasturtium officinale R. Br.*

科　　属：十字花科豆瓣菜属

形态特征：多年生草本。茎高 20～40 cm，中空，浸水茎匍匐，节节生根，多分枝。口卜羽状深裂，小叶 1～4 对，卵形或宽卵形，长约 6 cm，顶端裂片很大，侧裂片很小，长圆形，边缘有少数波：比齿或全缘，具长柄。总状花序顶生，稍伸长，花梗长 3～5 mm，常反曲，萼片长圆形，花瓣白色，具细长爪。长角果圆柱形，扁平，长 10～20 mm，直径 1.5～2 mm，有短喙，果梗长 5～15 mm，稍弯曲，种子多数，成 2 行，卵形，褐红色。

北京地区生长及分布：北京山区小溪、水塘畔和流动的浅水中常有分布。花果期 5—6 月。生长适宜水深 20～50 cm，冬季在流动水下常绿。

用　　途：可供蔬菜食用；全草也可药用，有解热、利尿的效能。

栽植方法：豆瓣菜多采用无性繁殖，为分株和扦插繁殖。北京地区栽培春季进行，定植密度 25 株 /m²。

日常管护：平常注意防虫和调节水位变化，入冬前收割枯枝败叶。

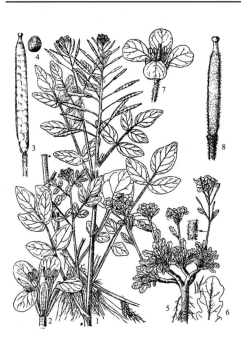

豆瓣菜（来源于《中国植物志》）

1—4．豆瓣菜 *Nasturtium officinale R. Br.*：
1．植株外形；2．花；3．果实；4．种子。
5—8．西藏豆瓣菜 *Nasturtium tibeticum Maxim.*：5．植株外形；6．叶片一段，示毛；7．花；8．果实（史渭清　绘）

豆瓣菜一（黑土洼湿地退水渠）

豆瓣菜二（黑土洼湿地退水渠）

挺水植物

二十一 薄荷

别　　名： 野薄荷、香薷草、鱼香草、土薄荷、水薄荷

种拉丁名： *Mentha canadensis*

科　　属： 唇形科野芝麻亚科薄荷属

形态特征： 多年生草本，具匍匐根状茎。茎高 30～60 cm，直立，多分枝，有强熟香气。叶长圆状披针形、椭圆形或卵状披针形，长 3～5(7) cm，宽 0.8～3 cm，先端短尖或稍钝，基部楔形至近圆形，边缘有锯齿，柄长 2～10 mm。轮伞花序腋生，球形；花萼钟形，长约 2.5 mm，萼齿 5，狭三角状钻形，先端长锐尖，长 1 mm，花冠淡紫色，内面在喉部被微柔毛，冠檐 4 裂，上唇较大，先端又裂，其余 3 裂片近等长，长圆形，先端钝，雄蕊 4，前对较长，均伸出于花冠之外小坚果卵球形，黄褐色，具小腺窝。

北京地区生长及分布： 北京地区河流、湖泊等潮湿地常见。花果期 6—9 月。湿生或水深 20 cm 以内为宜。

用　　途： 幼嫩茎尖可作菜食，全草可入药，有镇痉、发汗、解热、祛风、健胃等效用，并能治感冒，发热喉痛、头痛，目赤痛、皮肤风疹瘙痒等症。

日常管护： 平常注意防虫和调节水位变化，入冬前收割枯枝败叶。

薄荷（黑土洼湿地）

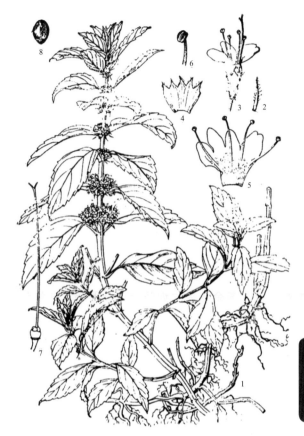

薄荷（来源于《中国水生维管束植物图谱》）

1. 植株；2. 小苞片；3. 花；4. 花萼纵剖；5. 花冠纵剖；6. 雄蕊；7. 雌蕊；8. 小坚果

薄荷花

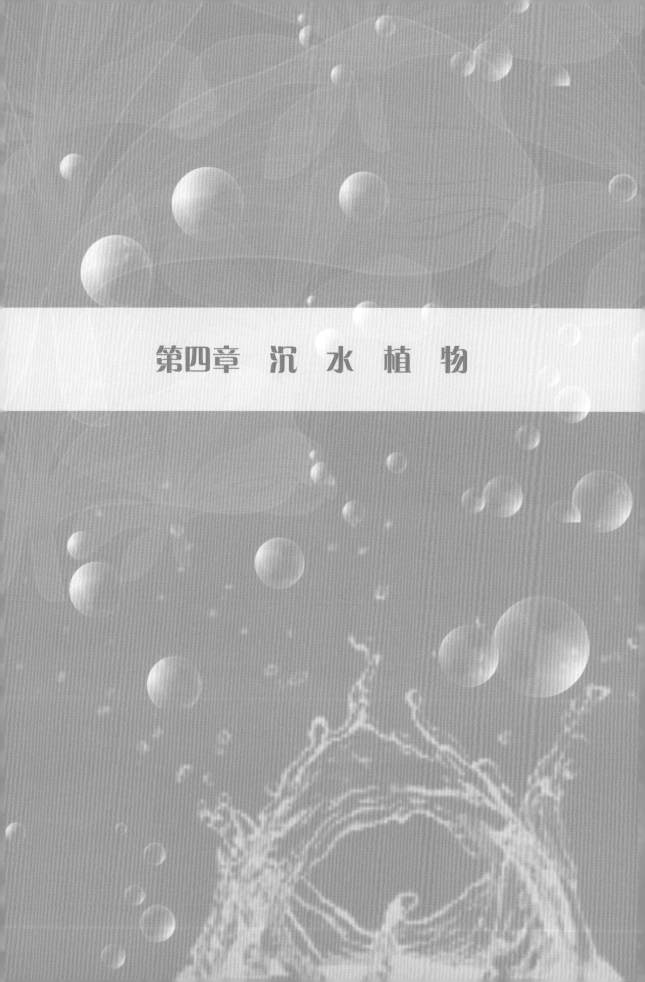

第四章 沉水植物

沉水植物

一 苦草

别　　名：扁草

种拉丁名：*Vallisneria natans (Lour.) Hara*

科　　属：水鳖科苦草属

形态特征：多年生沉水无茎草本。有匍匐枝，末端有膨大的球块。叶基生，线形或狭带状，绿色，半透明，叶表有棕褐色条纹和斑点，全缘或先端具细锯齿，有脉 5～7 条，长短随水深浅而定，长者达 2 m，短者不及 15 cm，宽 4～10 mm。雌雄异株，雄花微小，多数，生于卵圆形、3 裂，具短柄的苞片内，开花时伸出苞片外，浮在水面，传粉给雌花，雄蕊 1～3，雌花单生，苞片筒状，顶端 3 裂，长约 12 mm，生于旋卷，细长的线状花序柄上，花序柄最初不旋卷，受精后卷曲将子房拖入水下结果，无花瓣，有退化雌蕊 3，子房线形，柱头 3，胚珠多数。果实线形，成熟时长 14～17 cm，种子多数。

北京地区生长及分布：北京地区常见生长在溪沟、河流、池塘、湖泊之中。3 月底至 4 月中旬萌芽，6 月快速生长，10 月生长缓慢，以块茎越冬，花果期 7—9 月。水体透明度决定水深，一般在 20～200 cm。

用　　途：有药用、观赏、经济等多种价值。

栽植方法：静水区域可以按照 1 种子：3 细砂混合直播。其他区域可以分株栽植或抛秧，在 5—6 月进行，切取地下茎上的分枝进行繁殖，亦可直接移栽定植。一般为每平方米 15～25 丛，每丛 3～5 苗，视工期、种植条件及设计等要求而定。

日常管护：平常注意调节水位变化，及时打理、刈割和打捞漂浮植物残体，以与景观要求相适应。

苦草花（圆明园，侯旭峰拍摄）

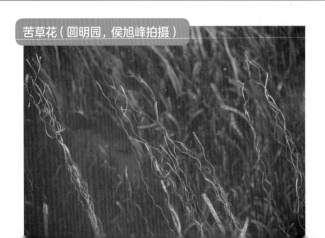

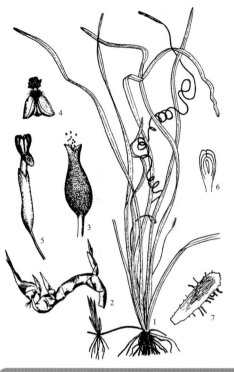

苦草（来源于《中国植物志》）

1—7. 苦草 *Vallisgeria natans (Lour.) Hara*：1. 植株；
2. 块茎；3. 雄花及佛焰苞；4. 雄花；5. 雌花及
佛焰苞；6. 胚珠；7. 种子（陈宝联　绘）

苦草群落（圆明园，侯旭峰拍摄）

苦草（圆明园，侯旭峰拍摄）

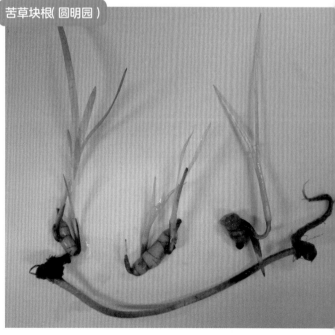

苦草块根（圆明园）

二 黑藻

别　　名：温丝草、灯笼薇、转转薇

种拉丁名：*Hydrilla verticillata (Linn.f.) Royle*

科　　属：水鳖科黑藻属

形态特征：多年生沉水草本。茎圆柱形长达 2 m，有分枝，冬芽芽苞生于小枝顶端，长圆形，先端短尖，芽苞叶卵状披针形，排列密集。叶 4～8 枚轮生，无柄，膜质，狭线形或线状长函形，长 1～1.5 cm，宽约 2 mm，具 1 脉，全缘或具小锯齿，两面均有红褐色小斑点。雌雄异株，雄花单生于近球形的苞片内，具短梗，成熟后脱离母体而浮于水面散布花粉，雌花单生于叶腋，成熟后子房延伸突出苞片外，浮于水面开淡紫色花，萼片长圆状椭圆形，长 3 mm，花瓣较萼片狭，子房下位，1 室，花柱 3，刘苏状。果实线形，有或无突起，种子两端有尖刺。

北京地区生长及分布：北京地区河道常见，4 月中旬缓慢生长，6—8 月快速生长，花果期 7—9 月。适宜水深 50～150 cm，根据透明度确定。

用　　途：全草可作鱼、鸭、猪的饲料，也可作绿肥。

栽植方法：种植时间宜在 4 月进行，以扦插育苗为主，定植密度一般为每平方米 15～25 丛，每丛 3～5 苗，视工期、种植条件及设计等要求而定。

日常管护：平常注意调节水位变化，及时打理、刈割和打捞漂浮植物残体，以与景观要求相适应。

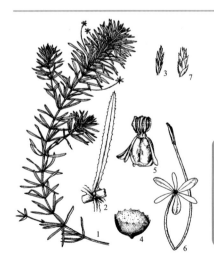

黑藻（来源于《中国植物志》）

1—6．黑藻 *Hydrilla verticillata (Linn. f.) Royle*：1．植株；2．叶片及小鳞片；3．休眠芽；4．雄佛焰苞（未开裂）；5．雄花；6．雌花及佛焰苞。7．罗氏轮叶黑藻 *Hydrilla verticillata (Linn. f.) Royle var.roxburghi Casp*：休眠芽（陈宝联　绘）

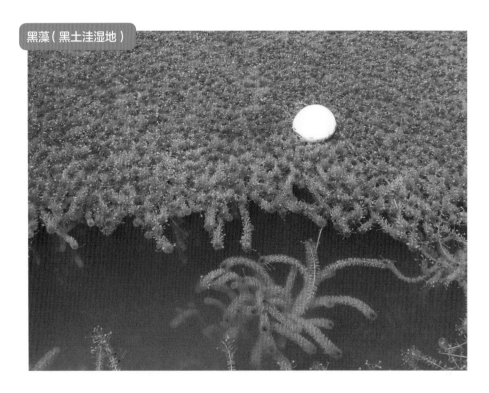

黑藻（黑土洼湿地）

黑藻（圆明园）

沉水植物

三 穗状狐尾藻

别　　名：	狐尾藻、聚藻、泥茜
种拉丁名：	*Myriophyllum spicatum L.*
科　　属：	小二仙草科狐尾藻属

形态特征：多年生水草。根状茎生于泥中，节部生须根。茎沉水性，长可达 1～2 m，径约 3 mm，细长圆柱形，常分枝。叶通常 1～6 枚轮生，长 2.5～3.5 cm，无柄，丝状全裂，裂片长 1～1.5 cm。穗状花序生于水上，长 5～10 cm，顶生或腋生，苞片长圆形或卵形，全缘，小苞片近圆形，边缘具细锯齿，花两性或单性，雌雄同株，常 4 朵轮生，若单性花则雄花生于花序上部。雌花生于下部，萼片很小，4 深裂，萼筒极短，花瓣 4，卵圆形，先端钝圆，长约 2 mm，雄蕊 8，花药黄色，长圆形，花丝细长，雌花不具花瓣，子房下位，4 室，无花柱，柱头 4 裂，很短。果实卵圆形，径 1.5～3 mm，有 4 条纵裂隙。

北京地区生长及分布：北京地区河道、湖库常见，4 月恢复生长，随着温度上升进入快速生长期，6—9 月陆续开花结果。适宜水深 50～200 cm。

用　　途：全草入药，清凉，解毒，止痢，治慢性下痢。夏季生长旺盛，一年四季可采，可为猪、鱼、鸭的饲料。

栽植方法：繁殖可种繁、扦插、分株等。一般为每平方米 10～20 丛，每丛 3～5 苗，视工期、种植条件及设计等要求而定。

日常管护：平常注意调节水位变化，及时打理、刈割和打捞漂浮植物残体，以与景观要求相适应。

穗状狐尾藻（来源于《中国植物志》）
1—3. 穗状狐尾藻 *Myriophyllum spicatum L.*:
1. 花枝；2. 雄花；3. 雌花。4—6. 狐尾藻 *M. verticillatum L.*: 4. 花枝；5. 雄花；6. 雌花。
7—8. 乌苏里狐尾藻 *M. propinquwm A. Cun.*:
7. 植株一部分；8. 叶（放大）
（李爱莉、胡劲波部分仿《内蒙古植物志》）

穗状狐尾藻花序（永乐店试验基地）

穗状狐尾藻群落（圆明园）

沉水植物

四
金鱼藻

别　　名：细草、软草

种拉丁名：*Ceratophyllum demersum L.*

科　　属：金鱼藻科金鱼藻属

形态特征：多年生沉水草本。茎长 40 ～ 150 cm，平滑，具分枝。叶 4 ～ 12 轮生，1 ～ 2 次二叉状分歧，裂片丝状，或丝状条形，长 1.5 ～ 2 cm，宽 0.1 ～ 0.5 mm，先端带白色软骨质，边缘仅一侧有数细齿。花直径约 2 mm；苞片 9 ～ 12，条形，长 1.5 ～ 2 mm，浅绿色，透明，先端有 3 齿及带紫色毛；雄蕊 10 ～ 16，微密集；子房卵形，花柱钻状。坚果宽椭圆形，长 4 ～ 5 mm，宽约 2 mm，黑色，平滑，边缘无翅，有 3 刺，顶生刺（宿存花柱）长 8 ～ 10 mm，先端具钩，基部 2 刺向下斜伸，长 4 ～ 7 mm，先端渐细成刺状。

北京地区生长及分布：北京地区生长在河道、溪流等，4 月初萌动，花期 6—7 月，果期 8—10 月。入秋随着光照变短，气温下降，侧枝顶端停止生长，叶密集成叶簇，色变深绿，角质增厚，积累养分，形成越冬顶芽，脱落沉于泥中休眠越冬，第二年春天萌发新株。在生长期中，折断的植株可随时发育成新株。生长适宜水深 50 ～ 120 cm。

用　　途：为鱼类饲料，又可喂猪；全草药用，治内伤吐血。

栽植方法：春季 4—5 月，移栽定植，密度建议每平方米 25 株（丛）。

日常管护：平常注意调节水位变化，及时打理。

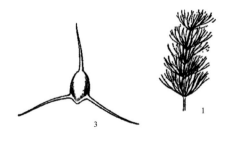

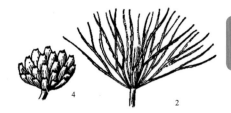

金鱼藻（来源于《中国植物志》）
1. 植株一部分；2. 轮生叶；3. 果；4. 雄花
（张泰利　绘）

金鱼藻（黑土洼湿地）

金鱼藻（永乐店试验基地）

金鱼藻越冬顶芽（永乐店试验基地）

沉水植物

五

篦齿眼子菜

别　　名：龙须眼子菜

种拉丁名：*Potamogeton pectinatus L.*

科　　属：眼子菜科眼子菜属

形态特征：多年生沉水草本。根状茎丝状，白色，秋季产生白色卵形的块根。茎丝状，长达 2.5 m，直径约 1 mm，淡黄色，密生叉状分枝，节间长 1 ～ 4 cm。叶丝状或狭线形，长 3 ～ 10 cm，宽 0.5 ～ 1 mm，全缘，1 ～ 3 脉，先端急尖；托叶鞘状，与口叶相连，绿色、抱茎，长 1 ～ 3 cm，顶端分离部分白色膜质，长 2 ～ 10 mm。花序穗状，长 1.5 ～ 3 cm，由 2 ～ 6 轮间断的花簇组成，花簇间隔自下向上渐短，梗长 3 ～ 10 cm，与茎等粗。小坚果斜宽倒卵形，半球形或近圆，长 3 ～ 3.5 mm，有短喙，背面具尖锐的脊或圆形，腹面平直或稍凹陷。

北京地区生长及分布：北京地区河道、湖泊等均有生长。花果期 6—7 月。生长适宜水深 50 ～ 120 cm。

用　　途：全草为良好的鸭饲料。

栽植方法：春季 4—5 月，移栽定植或扦插定植，每平方米 15 株（丛）。

日常管护：平常注意调节水位变化，及时打理、刈割和打捞漂浮植物残体，以与景观要求相适应。

篦齿眼子菜（来源于《中国植物志》）
1—5. 篦齿眼子菜 *Potamogeton pectinatus L.*：
1. 植株；2. 休眠芽；3. 叶尖；4. 叶鞘；5. 果实（陈宝联　绘）

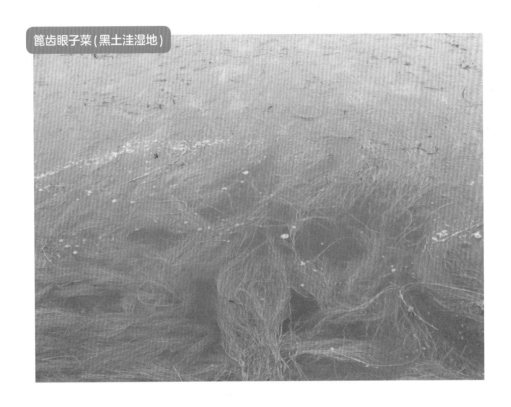

篦齿眼子菜（黑土洼湿地）

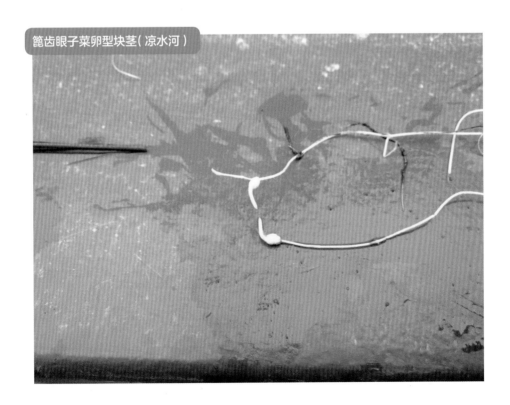

篦齿眼子菜卵型块茎（凉水河）

沉水植物

六 微齿眼子菜

别　　名：**黄丝草**

种拉丁名：*Potamogeton maackianus A. Bennett*

科　　属：眼子菜科眼子菜属

形态特征：多年生沉水草本。茎纤细，多分枝。叶，互生，线形，长 2～6 cm，宽 2～3 mm，先端钝至圆形，基部与托叶合生，边缘有微小的细锯齿，叶脉 3～5，中脉显著，托叶长 8～10 mm，与叶柄结合成鞘，抱茎。穗状花序生于茎顶端，梗长 1～3 cm，约与茎同粗，花穗长 1～4 cm，由 2～6 轮间断的花簇组成。小坚果卵形，长约 3 mm，背部有 3 棱，顶端有短喙。

北京地区生长及分布：北京地区生长在浅湖及池沼静水中。花果期 6—8 月。生长适宜水深 50～80 cm。

用　　途：全草可作鱼、鸭饲料，亦可绿肥。

栽植方法：栽培上采用小苗定植，密度 5 株/丛，每平方米 10～15 丛。

微齿眼子菜（来源于《中国植物志》）

1—3. 微齿眼子菜 *Potamogeton maakianus A. Benn.*：1. 植株；2. 叶片；3. 果实

（陈宝联　绘）

微齿眼子菜一（圆明园，侯旭峰拍摄）

微齿眼子菜二（圆明园，侯旭峰拍摄）

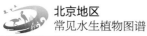
沉水植物

七

竹叶眼子菜

别　　名：马来眼子菜

种拉丁名：*Potamogeton wrightii*（修改后的名称）

科　　属：眼子菜科眼子菜属

形态特征：多年生沉水草本，有根状茎。茎细，长 70 ~ 120 cm，不分或少分枝。叶互生，花梗下的对生，线状长圆形或线状披针形，顶端有长 2 ~ 3 mm 的尖头，基部钝，边缘为明显的波状，有不明显的细锯齿，脉 7 ~ 9 或更多，中脉宽；柄长 2 ~ 6 cm 3托叶与叶基部离生，长 2 ~ 6 cm，膜质，变绿色，基部抱于茎上。穗状花序腋生茎端，梗长 4 ~ 7 cm，圆形，较叶柄粗，穗长 2 ~ 5 cm，开花时伸出水面。小坚果长约 3 mm，宽约 2.5 mm，侧面扁平，背部有 3 隆脊，中间 1 条凸出，喙很短。

北京地区生长及分布：北京地区各水域均有分布生长，花果期6—8月。生长适宜水深 50 ~ 120 cm。

用　　途：全草可作饲料及绿肥。

栽植方法：繁殖可种繁亦可营养体繁殖，栽培采用小苗定植，种植密度每平方米20丛，每丛3 ~ 5株，密度亦可按设计要求确定。

日常管护：平常注意调节水位变化，及时打理、刈割和打捞漂浮植物残体，以与景观要求相适应。

竹叶眼子菜（来源于《中国植物志》）
1—3. 竹叶眼子菜 *Potamogeton malaianus Miq.*：
1. 植株；2. 果实；3. 叶（示部分叶脉）
（陈宝联　绘）

竹叶眼子菜一（圆明园，侯旭峰拍摄）

竹叶眼子菜二（圆明园，侯旭峰拍摄）

沉水植物

八
菹
草

别　　　名：札草、虾藻

种拉丁名：*Potamogeton crispus L.*

科　　　属：眼子菜科眼子菜属

形态特征：多年生沉水草本。根状茎细长。茎多分枝，略扁平，分枝顶端常结芽苞，脱落后长成新植株。叶宽披针形或线状披针形，通常长4～7 cm，宽5～10 mm，先端钝或尖锐，有小锯齿，基部近圆形或狭，边缘浅波状褶皱，有细锯齿，脉3，无叶柄；托叶膜质，长4～10 mm，抱茎，基部与叶合生，分离部分约3 mm，常破裂并不即脱落。穗状花序腋生茎顶，开花时伸出水面。梗长2～5 cm，穗长1.2～2 cm，疏松少花。小坚果宽卵形，长3 mm，背脊有齿，顶端有长2 mm的喙，基部合生，全缘或有锯齿。

北京地区生长及分布：北京地区各水域中均有分布，一般3月开始萌动，4月、5月快速生长，花果期4—5月，5月下旬大多数植株逐渐死亡。芽孢8月以后开始陆续萌芽，10—12月生长，1月、2月停止生长。生长适宜水深50～150 cm。

用　　　途：全草可作饲料，亦可作绿肥。

栽植方法：芽孢是菹草的繁殖方式，也可直接扦插繁殖，栽植密度每平方米25株。

日常管护：平常注意调节水位变化，及时打理，特别是植株死亡后漂浮残体及时打捞，做到与景观要求相适应。

菹草一（圆明园，侯旭峰拍摄）

菹草（来源于《中国植物志》）

1—5. 菹草 *Potamogeton crispus L*：1. 植株；
2. 叶片一部分；3. 休眠芽；4. 花；5. 果实
（陈宝联　绘）

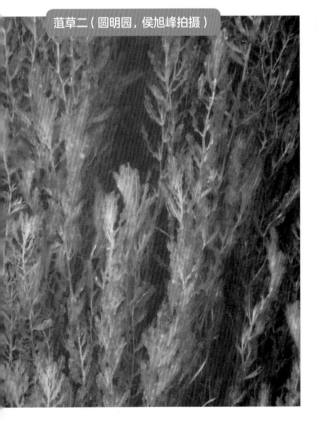

菹草二（圆明园，侯旭峰拍摄）

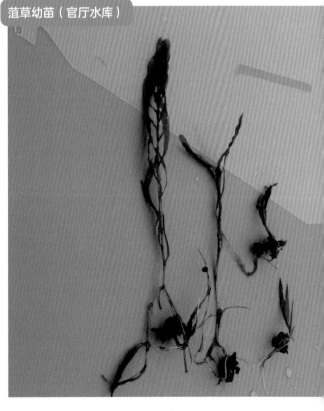

菹草幼苗（官厅水库）

沉水植物

九

穿叶眼子菜

別　　名：抱茎眼子菜

种拉丁名：*Potamogeton perfoliatu L.*

科　　属：眼子菜科眼子菜属

形态特征：多年生沉水草本。根状茎细长，白色。茎软弱，长约 60 cm，
直径 2～3 mm，节间长 1～3 cm，多分枝。叶互生，花梗下
的叶对生，宽卵形或卵状披针形，长 2～5 cm，宽 1～2.5 cm，
先端钝至急尖，基部心形，抱茎，全缘而常有波褶皱，脉
11～15，其中 3～5 条明显突出，托叶薄膜质，长 5～20 mm，
白色，鞘状，很快破裂为纤维状并脱落。花序穗状，生于茎顶
或叶腋，梗长 2～4 cm，与茎等粗，穗长 1.5～3 cm，密生小花。
小坚果宽倒卵形，长约 3 mm，有短喙，背部有 1 全缘的隆脊。

北京地区生长及分布：北京地区生长在湖泊、河流等水体中。花果期 6—8 月。生长
适宜水深 20～80 cm。

用　　途：草食性鱼类天然饵料。

栽植方法：播种育苗或分株繁殖，5 株/丛，每平方米 10 丛。

日常管护：平常注意调节水位变化，及时打理、刈割和打捞漂浮植物残体，
以与景观要求相适应。

穿叶眼子菜（来源于《中国植物志》）
I—2. 穿叶眼子菜 *Potamogeton perfoliatu L.*：
1. 植株；2. 果实（陈宝联　绘）

穿叶眼子菜一（圆明园）

穿叶眼子菜二（圆明园，侯旭峰拍摄）

沉水植物

十
大茨藻

别　　名：茨藻

种拉丁名：*Najas marina L.*

科　　属：茨藻科茨藻属

形态特征：一年生沉水草本，高达 70 cm，柔软，多分枝，具稀疏的锐尖短刺。叶对生，挺坚，线形至椭圆状线形，长 1.5 ～ 3.5 cm，宽 2 ～ 3 mm，顶端锐尖，边缘每侧具 6 ～ 11 个粗齿，叶鞘宽圆形，长约 5 mm，无齿或有少数稀疏的锯齿。花单于叶腋，雌雄异株，雄花为佛焰苞所包，长 3 ～ 4 mm，花被 2 裂，具 1 雄蕊，花药 4 室，雌花裸露，长约 4 mm，柱头 2，少有 3。果实椭圆形，长 4 ～ 6 mm，不偏斜，种皮粗糙，表皮细胞呈多角形。

北京地区生长及分布：北京地区各水域均有分布，花果期 8—9 月。生长适宜水深 20 ～ 80 cm。

用　　途：全草可作绿肥及猪饲料。

栽植方法：采用撒播种子方式种植，根据设计要求而定。

日常管护：平常注意调节水位变化，及时打理、刈割和打捞漂浮植物残体，以与景观要求相适应。

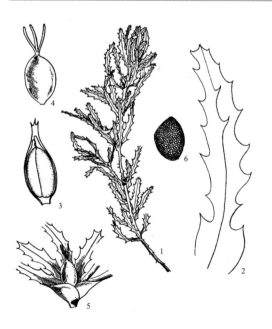

大茨藻（来源于《中国植物志》）
1—6．大茨藻 *Najas marina L.*：
1．植株；2．叶片；3．雄花；
4．雌花；5．着生于叶腋的雌花；
6．种子（陈宝联　绘）

大茨藻一（圆明园）

大茨藻二（圆明园）

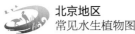
沉水植物

十一

水毛茛

种拉丁名： *Batrachium bungei (Steud.) L. Liou*

科　　属： 毛茛科水毛茛属

形态特征： 多年生沉水草本。茎长 30 cm 以上，无毛或在节上有疏毛。叶有短或长柄；叶片轮廓近半圆形或扇状半圆形，直径 2.5～4 cm，3～5 回 2～3 裂，小裂片近丝形，在水外通常收拢或近叉开，无毛或近无毛；叶柄长 0.7～2 cm，基部有宽或狭鞘，鞘长 3～4 mm，通常多少有短伏毛，偶尔叶柄只有鞘状部分。花直径 1～1.5(2) cm；花梗长 2～5 cm，无毛；萼片反折，卵状椭圆形，长 2.5～4 mm，边缘膜质，无毛；花瓣白色，基部黄色，倒卵形，长 5～9 mm；雄蕊 10 余枚，花药长 0.6～1 mm；花托有毛。聚合果卵球形，直径约 3.5 mm；瘦果 20～40，斜狭倒卵形，长 1.2～2 mm，有横皱纹。

北京地区生长及分布： 生于山谷溪流、河滩积水地、平原湖中或水塘中，海拔自平原至 3000 余 m 的高山。模式标本采自北京一带。生长适宜水深 20～50 cm，花期 5—8 月。性耐寒，

用　　途： 园林景观。

栽植方法： 春、秋季播种或分株。

水毛茛（来源于《中国植物志》）

1—2. 硬叶水毛茛 *Batrachium foeniculaceum*：
1. 植株；2. 果。3—4. 小水毛茛 *B. eradicatum*：
3. 植株；4. 果。5—8. 水毛茛 *B. bungoi*：5. 植株；
6. 花瓣；7. 聚合果；8. 果。9—10. 黄花水毛茛 *B. bungei var. flavidum*：9. 植株；10. 果。
11—12. 北京水毛茛 *B. pokinonse*：11. 植株；
12. 果（刘春荣　绘）

水毛茛（叶芝菡拍摄）

第五章 浮水植物*

浮水植物

一

狸藻

别　　名：闸草

种拉丁名：*Utricularia aurea* L.

科　　属：狸藻科狸藻亚科狸藻属

形态特征：水生草本。匍匐枝圆柱形，长 15～80 cm，粗 0.5～2 mm，多分枝，无毛，节间长 3～12 mm。叶器多数，互生，2 裂达基部，裂片轮廓呈卵形、椭圆形或长圆状披针形，长 1.5～6 cm，宽 1～2 cm，先羽状深裂，后二至四回二歧状深裂；秋季于匍匐枝及其分枝的顶端产生冬芽，冬芽球形或卵球形，长 1～5 cm，密被小刚毛。捕虫囊通常多数，侧生于叶器裂片上，斜卵球状，侧扁，长 1～3 mm，具短柄；口侧生，上唇具 2 条多少分枝的刚毛状附属物，下唇无附属物。花序直立，长 10～30 cm，中部以上具 3～10 朵疏离的花，无毛；花序梗圆柱状，粗 1～2.4 mm，具 1～4 个鳞片；苞片与鳞片同形，基部着生，宽卵形、圆形或长圆形，顶端急尖、圆形或 2～3 浅裂，基部耳状，膜质，长 3～7 mm；无小苞片；花梗丝状，长 6～15 mm，于花期直立，果期明显下弯。花萼 2 裂达基部，裂片近相等，卵形至卵状长圆形，长 2.5～33 mm，上唇顶端微钝，下唇顶端截形或微凹。花冠黄色，长 12～18 mm，无毛；上唇卵形至近圆形，长 6～9 mm，下唇横椭圆形，长 6～12 mm，宽 9～16 mm，顶端圆形或微凹，喉凸隆起呈浅囊状；距筒状，基部宽圆锥状，顶端多少急尖，较下唇短并与其成锐角叉开，仅远轴的内面散生腺毛。雄蕊无毛；花丝线形，弯曲，长 1.5～2 mm，药室汇合。子房球形，无毛；花柱稍短于子房，无毛；柱头下唇半圆形，边缘流苏状，上唇微小，正三角形。蒴果球形，长 3～5 mm，周裂。种子扁压，具 6 角和细小的网状突起，直径 0.5～0.7 mm，厚 0.3～0.4 mm，褐色，无毛。花期 6—8 月，果期 7—9 月。

北京地区生长及分布：近年来北京市在野鸭湖湿地发现过狸藻，翠湖湿地也有报道，广布于北半球温带地区。

用　　途：研究表明狸藻对于水质要求很高，只有在清洁的水域才能存活，可以作为水质指示物种。

栽植方法：狸藻大多喜欢明亮的光线，可在非常潮湿的基质或者水中生长。可采用分株、冬芽、播种进行繁殖。

日常管护：平常注意调节水位变化，及时打理、打捞漂浮植物残体，以与景观要求相适应。

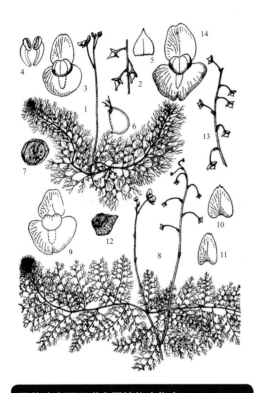

狸藻群落（野鸭湖，严莉拍摄）

狸藻花（野鸭湖）

狸藻（来源于《中国植物志》）

1—7. 黄花狸藻 *Utricularia aurea L.*：1. 植株；
2. 蒴果；3. 花；4. 雄蕊；5. 苞片；6. 捕虫囊；
7. 种子。8—12. 南方狸藻 *U. australis R. Br.*：
8. 植株；9. 花，10 — 11. 鳞片和苞片；12. 种子。
13—14. 狸藻 *U. vulgaris L.*；13. 果序；14. 花
（吴彰桦　绘）

狸藻（野鸭湖，张心维拍摄）

浮水植物

二 凤眼蓝

别　　名：水葫芦、水浮莲、凤眼莲

种拉丁名：*Eichhornia crassipes (Mart.) Solme*

科　　属：雨久花科凤眼蓝属

形态特征：浮水草本或根生于泥土中，高30～50 cm。茎极短，节上生根，具长匍匐枝，与母株分离后，长成新植株。叶基生，莲座状，叶片卵形，倒卵形至肾圆形，光滑；叶柄基部略带紫红色，膨大呈葫芦状的气囊。花葶单生，中部有鞘状苞片，穗状花序有花6～12朵，花被紫蓝色，6裂，上部的裂片较大，在蓝色的中央有鲜黄色斑点，外面的基部有腺毛；雄蕊3长3短，长的伸出花外，子房卵圆形。蒴果卵形。

北京地区生长及分布：北京地区生长在城市湖泊中，人工养殖为主，未见自繁。花果期7—9月。本种为热带物种，北京地区野外无法越冬，水质净化效果好，适合于重污染水体。

用　　途：为家畜、家禽饲料，嫩叶及叶柄可作蔬菜，全草药用，有清热解暑、利尿消肿功效，主治中暑烦渴、肾炎水肿、小便不利等。生长繁殖快，产量高，亩产5万～8万斤，可供30～40头生猪所需的青饲料。

栽植方法：以人工投放方式为主，投放时间为每年5月，投放密度每平方米30～50株。

日常管护：平常注意管护，入冬前及时打捞漂浮植物并妥善处理。

凤眼蓝（来源于《中国植物志》）
1. 植株；2. 花；3. 雄蕊（蔡淑琴　绘）

凤眼蓝一（黑土洼湿地）

凤眼蓝二（黑土洼湿地）

浮水植物

三　大藻

别　　名：水白菜

种拉丁名：*Pistia stratiotes L.*

科　　属：天南星科大藻属

形态特征：多年生浮水草本。主茎短缩而叶呈莲座状，从叶腋间向四周分出匍匐茎，茎顶端发出新植株，有白色成束的须根。叶簇生，叶片倒卵状楔形，长 2～8 cm，顶端钝圆而呈微波状，两面都有白色细毛。花序生叶腋间，有短的总花梗，佛焰苞长约 1.2 cm，白色，背面生毛。肉穗花序稍短于佛焰苞，上部具雄花，与佛焰苞分离，雄花具 2～8 轮生的雄蕊，其下有环状薄膜，下部具雌花，仅 1 雌蕊，贴生于佛焰苞上，子房 1 室。果为浆果。

北京地区生长及分布：北京地区生长在城市湖泊中，人工养殖为主，未见自繁。花果期 7—9 月。本种为热带物种，北京地区野外无法越冬，水质净化效果好，适合于重污染水体。

用　　途：为优良的猪饲料，生喂熟喂都可以。全草入药，能祛风发汗，利尿解毒，主治感冒、水肿、小便不利、风湿痛，皮肤瘙痒，荨麻疹，麻疹不透，外用治汗斑、湿疹等。

栽植方法：以一年生栽培为主，常采用人工投放方式，投放时间为每年 5 月，投放密度建议每平方米 30～50 株。

日常管护：平常注意管护，入冬前及时打捞漂浮植物并妥善处理。

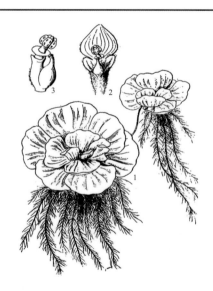

大藻（来源于《中国植物志》）
1. 植株；2. 肉穗花序；3. 去佛焰苞的花序

大藻一（黑土洼湿地）

大藻二（黑土洼湿地）

浮水植物

四 满江红

别　　名：红苹、常绿满江红、多果满江红

种拉丁名：*Azolla pinnata subsp. asiatica*

科　　属：满江红科满江红属

形态特征：小型漂浮植物。植物体呈卵形或三角状，根状茎横走，羽状分枝，向水下生出须根。叶互生，成两行并列于茎上，斜方形或卵形，长约 1 mm，圆头或截头，全缘，通常分裂为上下两叶片，上片肉质，绿色，秋后变红色，有膜质边缘，上面有乳头突起，下面有空腔，含胶质和蓝藻共生，下片沉水中，膜质如鳞片，无柄。孢子果成对生于分枝基部的沉水裂片上，有大小之分，大孢子果小，长卵形，内有 1 个大孢子囊及 1 个大孢子，小孢子果大而成球形，内有多数小孢子囊，各含 64 个小孢子。

北京地区生长及分布：北京地区各水系静水面都有生长。

用　　途：因和蓝藻共生，故能固定空气中的游离氮，是稻谷的优良生物肥源，也可作饲料。还可供药用，能发汗、利尿、祛风湿，治顽癣。

栽植方法：以人工投放方式为主，投放时间为每年 5 月。

日常管护：平常注意管护，入冬前及时打捞漂浮植物并妥善处理。

满江红（来源于《中国植物志》）

1—3. 满江红 *Pinnata subsp.asiatica*：1. 植株全形；2. 植株全形（放大）；3. 大小孢子果（放大）（冀朝祯 绘）

满江红一（黑土洼湿地）

满江红二（黑土洼湿地）

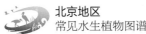
浮水植物

五 槐叶苹

别　　名：蜈蚣萍

种拉丁名：*Salvinia natans (L.) All.*

科　　属：槐叶苹科槐叶苹属

形态特征：小型漂浮植物。茎细长而横走，被褐色节状毛。三叶轮生，上面二叶漂浮水面，形如槐叶，长圆形或椭圆形，长 0.8 ～ 1.4 cm，宽 5 ～ 8 mm，顶端钝圆，基部圆形或稍呈心形，全缘；叶柄长 1mm 或近无柄。叶脉斜出，在主脉两侧有小脉 15 ～ 20 对，每条小脉上面有 5 ～ 8 束白色刚毛；叶草质，上面深绿色，下面密被棕色茸毛。下面一叶悬垂水中，细裂成线状，被细毛，形如须根，起着根的作用。孢子果 4 ～ 8 个簇生于沉水叶的基部，表面疏生成束的短毛，小孢子果表面淡黄色，大孢子果表面淡棕色。

北京地区生长及分布：北京地区生长在城市河湖等静态水体中。

用　　途：全草入药，治虚劳发热，湿疹，外敷治丹毒疔疮和烫伤；也可作饲料。

栽植方法：以人工投放方式为主，投放时间为每年 5 月。

日常管护：平常注意管护，入冬前及时打捞漂浮植物并妥善处理。

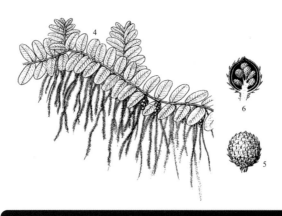

槐叶苹（来源于《中国植物志》）

4—6. 槐叶苹 *Salvinia natans(L.) All.*：4. 植株全形；5. 孢子果（放大）；6. 孢子果纵切面（放大）（冀朝祯　绘）

槐叶苹孢子（汉石桥湿地）

槐叶苹（汉石桥湿地）

槐叶苹群落（汉石桥湿地）

浮水植物

六 浮萍

别　　名：青萍、萍草

种拉丁名：*Lemna minor L.*

科　　属：浮萍科浮萍属

形态特征：浮水小草本，具 3 ～ 4 cm 长的根 1 条，纤细，根鞘无附属物，根冠钝圆或截切状。叶状体对称，倒卵形，椭圆形或近圆形，绿色，两面平滑，具不明显的 3 脉纹，长 1.5 ～ 6 mm。花单性，雌雄同株，生于叶状体边缘开裂处，佛焰苞囊状，内有雌花 1 朵，雄花 2 朵；雄花花药 2 室，花丝纤细，雌花具 1 雌蕊，子房 1 室，胚珠单生。果实圆形，近陀螺状，无翅或仅具窄翅，种子 1 粒，具凸起的胚孔和不规则的凸脉 12 ～ 15 条。

北京地区生长及分布：北京地区水域广泛分布，生于水田、池沼、湖泊或静水中。

用　　途：全草药用，有祛风发汗、利尿、消肿功效，主治风热感冒，麻疹不透、荨麻疹，水肿等，也可作家禽饲料和河道绿肥。

栽植方法：以人工投放方式为主，投放时间为每年 4 月，投放密度根据设计要求确定。

日常管护：平常注意管护，入冬前及时打捞漂浮植物并妥善处理。

浮萍（来源于《中国植物志》）
1. 紫萍 *Spirodela polyrhiza* (L.) Schleid.；2. 品藻 *Lemna trisulca* L.；3. 浮萍 *Lemna minor* L.；
4. 芜萍 *Wolffia arrhiza* (L.) Wimmer.（陈荮香　绘）

浮萍一（圆明园）

浮萍二（圆明园）

七 荇菜

别　　名：莕菜、凫葵、水荷叶、杏菜

种拉丁名：*Nymphoides peltatum (Gmel.) O. Kuntze*

科　　属：龙胆科荇菜属

形态特征：沼泽生浮水草本。茎细，长10～30 cm，节上生根。叶常数片簇生，长1～6 cm，宽1～4 cm或5 cm，膜质，心形，掌状脉不明显，柄纤细，长4～10 cm。花2～10朵，簇生于叶腋，梗纤细，长2～6 cm，苞片基生，长5～10 mm，三角形，顶端急尖；萼筒几不存在，萼齿5，长4～5 mm，狭长圆形，顶端尖，花冠钟状，开展，长7～8 mm，白色或淡黄色，冠筒约与萼片等长，裂片5，颇短，顶端微缺，边缘流苏状或被疏毛，雄蕊无花丝，花冠的基部附近具密腺5，子房卵形，花柱很短。蒴果球形，直径约3 mm，种子6～10，种皮有不规则的短刺。

北京地区生长及分布：北京地区各水域有分布，生长在沟边、湖库边。花果期6—10月。生长适宜水深20～80 cm。

用　　途：每朵花开放的时间较短，早上9时至12时，但全株多花，整个花期长达4个多月，为一个美丽的水生观赏植物。

栽植方法：宜4月下旬进行种子繁殖或分株繁殖，5芽/丛，每平方米12丛。

日常管护：平常注意管护，入冬前及时打捞漂浮植物并妥善处理。

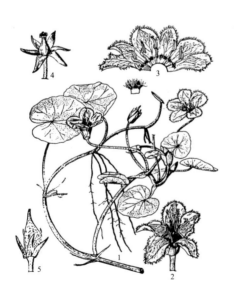

荇菜（来源于《中国水生维管束植物图谱》）
1.植株全形；2.花；3.花剖开（示雄蕊和内部构造）；
4.雌蕊；5.幼果实

荇菜（汉石桥湿地）

荇菜花（圆明园）

浮水植物

八 睡莲

别　　名： 子午莲、粉色睡莲、野生睡莲、矮睡莲、侏儒睡莲

种拉丁名： *Nymphaea tetragona Georgi*

科　　属： 睡莲科睡莲亚科睡莲属

形态特征： 多年生水生草本。根状茎粗短，有黑色细毛。叶浮于水面，圆心形或肾圆形，长 5 ～ 12 cm，宽 3.5 ～ 9 cm，先端钝圆，基部具深弯缺，上面光亮，下面带紫红或红色，两面皆无毛，具小点。花单生于细长花梗顶端，直径 3 ～ 5 cm，浮于水面，萼片 4，革质，长圆形，长 2 ～ 3.5 cm，先端钝圆，基部四棱形；花瓣多数（通常 10），白色，长圆形或倒心形，长 2 ～ 2.5 cm，长于萼片。雄蕊多数，短于花瓣，花药线形，黄色，内向，长 3 ～ 5 mm，柱头 5 ～ 8，放射状排列。浆果球形，直径 2 ～ 2.5 cm，为宿存萼片所包裹，种子多数，椭圆形，有肉质，具囊状假种皮。

北京地区生长及分布： 北京地区以人工栽培为主，花果期 6—9 月。生长适宜水深 20 ～ 80 cm。

用　　途： 观赏植物。根状茎含淀粉，供食用或酿酒，茎及花瓣也可食用，全草可作绿肥，也可入药，能治小儿慢惊风。

栽植方法： 种子育苗或分株繁殖。块根 5 ～ 8 cm，每平方米 1 株。

日常管护： 平常注意管护,入冬前及时打捞漂浮植物并妥善处理,注意防冻。

睡莲（来源于《中国植物志》）
1. 花；2. 叶（冀朝祯　绘）

睡莲一（圆明园）

睡莲二（永乐店试验基地）

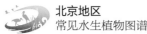
浮水植物

九 芡实

别　　名：鸡头米、鸡头荷、鸡头莲

种拉丁名：*Euryale ferox Salisb. ex DC*

科　　属：睡莲科睡莲亚科芡属

形态特征：一年生水生草本，多刺。根状茎粗短。沉水叶箭形或椭圆肾形，无刺，浮水叶圆形或盾状心脏形，大者直径约130 cm，边缘向上折，上面多皱褶，下面紫色，有柔毛，柄和花梗粗壮，多刺，长达25 cm。花单生于花梗顶端，部分露出水面；萼片4，披针形，宿存，内面紫红色，外绿色，有光泽，密生钩状硬刺3花瓣多数，紫红色，成数轮排列，长圆状披针形或线状椭圆形，长1.5～2 cm；雄蕊多数，花药内向，子房下位，8室，柱头扁平。浆果球形，直径3～5 cm。海绵质，污紫红色，密生有刺；种子球形，直径约1 cm，黑色。

北京地区生长及分布：北京地区主要分布在人工湿地中，花果期7—9月。生长适宜水深20～80 cm。

用　　途：根茎、嫩叶、柄均可食，种子供食用、酿酒及制副食品，全草可作猪饲料，又可作绿肥，根、茎、叶为滋养强壮剂，兼有收敛镇静作用，能开胃助气、止泻益肾，治小便不禁等症。

栽植方法：播种育苗，4月中旬2～3叶时进行定植，每平方米1株。

日常管护：平常注意管护，入冬前及时打捞漂浮植物并妥善处理。

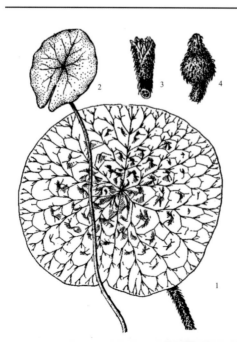

芡实（来源于《中国植物志》）
1. 叶；2. 幼叶；3. 花；4. 果实

芡实叶（来源于中国植物图像库）

芡实花（来源于中国植物图像库）

浮水植物

十　苹

别　　　名：田字苹、田字草
种拉丁名：*Marsilea quadrifolia L.*
科　　　属：苹科苹属

形态特征：多年生，水生、沼生，偶见湿生。根状茎细长，横走，具多数分枝。叶柄长 10 ～ 25 cm，先端生小叶片 4 枚，呈倒三角形，全缘，草质，无毛；叶柄基部生单一或分叉的短柄，顶端生孢子果。孢子果卵圆形或矩圆状肾形，幼时密被短毛，后变无毛。孢子囊多数，大孢子囊和小孢子囊同生于一个孢子果内壁的囊托上；大孢子囊上有一个大孢子，小孢子囊内有多数小孢子。

北京地区生长及分布：生长在湖泊、河流边缘沼泽或积水湿地，北京地区在沙河、圆明园、颐和园、香山植物园、翠湖湿地、汉石桥湿地有生长。生长适宜水深 20 cm。

用　　　途：全株可供观赏，营养叶可制作贺卡及其他装饰的工艺品。全草可入药，具有清热解毒、利尿消肿的功效，外用治疗痈疮、毒蛇咬伤，还可治疗肝炎、肾炎、牙龈肿痛等炎症。

栽植方法：传播体为孢子果，可在泥中靠水扩散。

日常管护：平常注意管护，入冬前及时打捞漂浮植物并妥善处理。

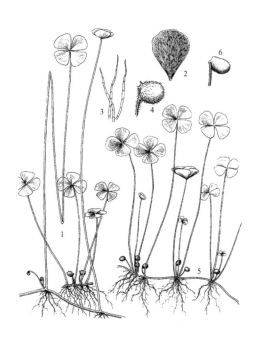

苹（来源于《中国植物志》）
1—4．南国田字草 *Marsilea crenata C. Presl*：
1．植株全形；2．叶片（放大）；3．根状茎上的毛（放大）；4．孢子果（放大）。5—6．苹
Marsilea quadrifolia L：5．植株全形；6．孢子果
（放大）（冀朝祯　绘）

田字苹群落（圆明园）

苹群落（圆明园）

浮水植物

十一
欧菱

别　　名：菱角、丘角菱、四角大柄菱、四角菱、丘角菱、弓角菱
种拉丁名：*Trapa natans*
科　　属：菱科菱属

形态特征：一年生，浮叶草本。叶二型，沉水叶羽状细线状分裂；浮水叶聚生于茎的先端，具长短不等的叶柄，中部具气囊，叶片三角状菱形，长宽 3 ～ 4.5 cm,中上部叶缘具钝齿，下部全缘，背面脉上被毛。花两性，白色，腋生；萼片 4 枚，其中 2 枚发育为果的肩角、2 枚退化；花瓣 4 枚，雄蕊 4 枚。坚果倒三角形，果体较肥厚，肩角近平展，无腰角；果柄呈海绵质。

北京地区生长及分布：随着人工湿地建设，引种较多，各地均有种植。花果期 6—9 月。生长适宜水深 20 ～ 80 cm。

用　　途：全株可供观赏，果实可作插花素材以及制作工艺品，还可食用和酿酒等。另外，果、果壳、果柄、茎、叶均可入药。

栽植方法：种子直播或育苗后种植，密度每平方米 8 ～ 10 株。

日常管护：平常注意管护，入冬前及时打捞漂浮植物并妥善处理。

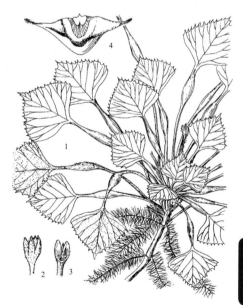

欧菱（来源于《中国植物志》）
1—4. 菱 *Trapa natans*.：1. 植株；2. 花；3. 花去花瓣示二萼片与雌蕊；4. 果实（李爱莉抄自万文豪草图）

菱一（密云水库）

菱二（密云水库）

浮水植物

别　　名：马尿花、芣菜

种拉丁名：*Hydrocharis dubia (Bl.) Backer*

科　　属：水鳖科水鳖属

形态特征： 漂浮草本，具须状根，茎匍匐。叶圆形或肾形，直径 3 ～ 7 cm，全缘，顶端钝圆，基部心脏形，上面深绿色，下面略带紫红色，中部具有广卵形的泡状储气组织，内充气泡，柄长约 10 cm。花单性；雄花 2 ～ 3 朵，聚生在具 2 叶状苞片的花梗上，萼片小，革质，花瓣白色，膜质，雄蕊 6 ～ 9，具 3 ～ 6 枚退化雄蕊，花丝叉状，花药基部着生，雌花单生于苞片内，萼片 3，长卵形，花瓣白色，宽卵形，具 6 枚退化雄蕊，子房下位，6 室，柱头 6，线形，深 2 裂。果实肉质，长圆球形，直径约 1 cm，6 室，种子多数。

北京地区生长及分布： 北京地区各人工湿地公园有引种，河流有分布，花果期 8—9 月。生长适宜水深 20 ～ 50 cm。

用　　途： 全草可作鱼和猪的饲料，幼叶柄可作蔬菜。

栽植方法： 分株栽植，密度为每平方米 50 株。

日常管护： 平常注意管护，入冬前及时打捞漂浮植物并妥善处理。

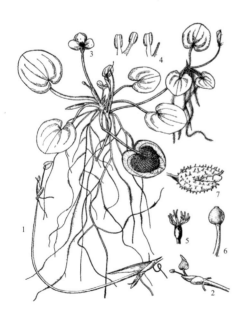

水鳖（来源于《中国植物志》）
1—7. 水鳖 *Hydrocharis dubia (Bl.) Backer*：
1. 植株；2. 越冬芽萌发；3. 雄花；4. 雄蕊及
退化雄蕊（1、3 轮联合，2、4 轮联合）；5. 雌
花去花萼、花瓣后的花柱；6. 果实；7. 种子萌发
（陈宝联　绘）

水鳖一（圆明园）

水鳖二（圆明园）

植 物 检 索 表

一、芦苇属 *Phragmites Adans.*

被子植物门，单子叶植物纲，禾本目，禾本科，芦竹亚科。

多年生，具发达根状茎的苇状沼生草本。茎直立，具多数节；叶鞘常无毛；叶舌厚膜质，边缘具毛；叶片宽大，披针形，大多无毛。圆锥花序大型密集，具多数粗糙分枝；小穗含 3～7 小花，小穗轴节间短而无毛，脱节于第一外稃与成熟花之间；颖不等长，具 3～5 脉，顶端尖或渐尖，均短于其小花；第一外稃通常不孕，含雄蕊或中性，小花外稃向上逐渐变小，狭披针形，具 3 脉，顶端渐尖或呈芒状，无毛，外稃基盘延长具丝状柔毛，内稃狭小，甚短于其外稃；鳞被 2，雄蕊 3，花药长 1～3 mm。颖果与其稃体相分离，胚小型。染色体小型，$x = 6$、12，$2n = 24$、36、48、96、38、44、46、49，为高多倍体或非整倍体。

本属有 10 余种，分布于全球热带，大洋洲、非洲、亚洲。芦苇是唯一的世界种。我国有 3 种。

1. 小穗较大，长（10）13～20 mm，第一不孕外稃明显长大；外稃基盘之两侧密生等长或长于其稃体之丝状柔毛。秆大多直立，不具地面长匍匐茎；秆之髓腔周围由薄壁细胞组成，无厚壁层。遍布于全国各地 ····················· 芦苇 *P. australis (Cav.) Trin. ex teud.*

1. 小穗较小，长 6～10 mm，第一不孕外稃不明显增长；外稃基盘具较短少之柔毛，或基盘中部以上着生长丝状柔毛。

   2. 植株具横走于地面的发达匍匐茎；秆高 1～1.5 m，较细瘦，圆锥花序较短小；外稃基盘的中上部密生丝状柔毛；秆之髓腔周围由薄壁细胞组成，不具有厚壁层，分布于东部滨海或内陆···························· 日本苇 *P.japonica Steud.*

   2. 植株高大粗壮，不具地面匍匐茎；秆高 3～6 m，粗壮，圆锥花序大型；外稃基盘细而弯，遍生短于其稃体之疏柔毛；秆的髓腔周围有 2～3 层厚壁细胞。分布于亚洲热带，我国华南与云南 ··················· 卡开芦 *P. karka (Retz.) Trin. ex Steud.*

植物检索表

二、香蒲属 *Typha Linn.*

被子植物门，单子叶植物纲，露兜树目，香蒲科。

多年生沼生、水生或湿生草本。根状茎横走，须根多。地上茎直立，粗壮或细弱。叶二列，互生；鞘状叶很短，基生，先端尖；条形叶直立，或斜上，全缘，边缘微向上隆起，先端钝圆至渐尖，中部以下腹面渐凹，背面平突至龙骨状凸起，横切面呈新月形、半圆形或三角形；叶脉平行，中脉背面隆起或否；叶鞘长，边缘膜质，抱茎，或松散。花单性，雌雄同株，花序穗状；雄花序生于上部至顶端，花期时比雌花序粗壮，花序轴具柔毛，或无毛；雌性花序位于下部，与雄花序紧密相接，或相互远离；苞片叶状，着生于雌雄花序基部，亦见于雄花序中；雄花无被，通常由 1～3 枚雄蕊组成，花药矩圆形或条形，二室，纵裂，花粉粒单体，或四合体，纹饰多样；雌花无被，具小苞片，或无，子房柄基部至下部具白色丝状毛；孕性雌花柱头单侧，条形、披针形、匙形，子房上位，一室，胚珠 1 枚，倒生；不孕雌花柱头不发育，无花柱，子房柄不等长、果实纺锤形、椭圆形，果皮膜质，透明，或灰褐色，具条形或圆形斑点。种子椭圆形，褐色或黄褐色，光滑或具突起，含 1 枚肉质或粉状的内胚乳，胚轴直，胚根肥厚。

本科只有香蒲属 *Typha* 一属，过去记载 15 种，现有 16 种，分布于热带至温带，主要分布于欧亚和北美，大洋洲有 3 种。我国有 11 种，南北广泛分布，以温带地区种类较多。

香蒲科植物经济价值较高，广泛应用于医药、编织、造纸和食品业等，是重要的水生经济植物之一。

属的特征同科。

1. 雌花无小苞片，雌性穗状花序与雄性穗状花序紧密连接，或相互远离（**无苞组 Sect. Typha**）。

2. 雌性花序与雄性花序紧密连接，从不分离。

3. 雌花柱头宽匙形，白色丝状毛与花柱近等长，或有时超出 ····· 香蒲 *T. orientalis Presl.*

3. 雌花柱头披针形，白色丝状毛明显短于花柱 ············ **宽叶香蒲 *T. latifolia Linn.***

2. 雌花序与雄花序远离，或靠近，但绝不连接。

4. 植株高约 1.3 m，较粗壮；雄性花序轴具褐色扁柔毛，先端分叉，或否，雌花柱头条形，纤细···································· **普香蒲 *T. przewalskii Skv.***

4. 植株高 0.8～1 m，或更矮小，细弱；雄性花序轴具灰白色或淡黄色柔毛，先端不分叉，雌花柱头匙形 ····················· **无苞香蒲 *T. laxmannii Lepech.***

1. 雌花具小苞片，雌性穗状花序与雄性穗状花序远离，从不相接（**有苞组 Sect.**

Bracteolatae Kronf.）

  5. 植株高 1 m 以上，基部无鞘状叶，白色丝状毛先端不呈圆形。

   6. 小苞片匙形；柱头披针形 ⋯⋯⋯ **达香蒲** T. davidiana (Kronf.) Hand. -*Mazz.*

   6. 小苞片不呈匙形；柱头窄条形、条形或披针形。

    7. 叶片背面具龙骨状凸起，横切面呈三角形，叶鞘里面具红棕色斑点；小苞片条形⋯⋯⋯⋯⋯⋯⋯⋯⋯⋯⋯⋯⋯⋯⋯⋯⋯⋯⋯⋯⋯⋯ **象蒲** T. elephantina Roxb.

    7. 叶片背面凸起，不呈龙骨状，横切面呈半圆形，叶鞘里面无红棕色斑点；小苞片近三角形或倒三角形，绝不呈条形。

     8. 花药长 2 mm，雄花序轴密生褐色扁柔毛，单出或分叉；柱头窄条形，与花柱近等宽⋯⋯⋯⋯⋯⋯⋯⋯⋯⋯⋯⋯⋯⋯⋯⋯⋯ **水烛** T. angustifolia Linn.

     8. 花药长 1.2 ～ 1.5 mm，雄花序轴具稀疏白色或黄褐色柔毛，从不分叉；柱头宽条形至披针形，比花柱宽 ⋯⋯⋯⋯⋯⋯ **长苞香蒲** T. angustata Bory et Chaubard

  5. 植株高约 0.8 m，或更矮，基部具无叶片的鞘状叶，白色丝状毛先端膨大呈圆形，或否。

    9. 白色丝状毛顶端较尖，与柱头和小苞片近等长，雄花序轴无毛·**球序香蒲** T. pallida Pob.

    9. 白色丝状毛顶端膨大呈圆形，短于柱头和小苞片，雄花序轴基部具柔毛，或无毛。

     10. 植株具二型叶，叶片长于花序，宽 2 ～ 4 mm，雄花序轴基部具弯曲白柔毛⋯⋯⋯⋯⋯⋯⋯⋯⋯⋯⋯⋯⋯⋯⋯⋯⋯⋯⋯ **短序香蒲** T. gracilis Jord.

     10. 植株通常只有鞘状叶，如叶片存在，不长于花序；叶片宽 1 ～ 2 mm；雄花序轴无毛⋯⋯⋯⋯⋯⋯⋯⋯⋯⋯⋯⋯⋯⋯⋯⋯ **小香蒲** T. minima Funk.

三、莲属 *Nelumbo Adans.*

被子植物门，双子叶植物纲，毛茛目，睡莲科，莲属。

多年生、水生草本；根状茎横生，粗壮。叶漂浮或高出水面，近圆形，盾状，全缘，叶脉放射状。花大，美丽，伸出水面；萼片 4 ～ 5；花瓣大，黄色、红色、粉红色或白色，内轮渐变成雄蕊；雄蕊药隔先端成 1 细长内曲附属物；花柱短，柱头顶生；花托海绵质，果期膨大。坚果矩圆形或球形；种子无胚乳，子叶肥厚。

本属有 2 种：一种产亚洲及大洋洲，一种产美洲⋯⋯⋯⋯⋯ **莲** N. nucifera Gaertn.

四、菰属 *Zizania L.*

被子植物门，单子叶植物纲，禾本目，禾本科，稻亚科。

一年生或多年生水生草本，有时具长匍匐根状茎。秆高大、粗壮、直立，节生柔毛。叶舌长，膜质；叶片扁平，宽大。顶生圆锥花序大型，雌雄同株；小穗单性，含 1 小花；雄小穗两侧压扁，大都位于花序下部分枝上，脱节于细弱小穗柄之上；颖退化；外稃膜质，具 5 脉，紧抱其同质之内稃；雄蕊 6 枚，花药线形；雌小穗圆柱形，位于花序上部的分枝上，脱节于小穗柄之上，其柄较粗壮且顶端杯状；颖退化；外稃厚纸质，具 5 脉，中脉顶端延伸成直芒；内稃狭披针形，具 3 脉，顶端尖或渐尖；鳞被 20 颖果圆柱形，为内外稃所包裹，胚位于果体中央，长约为果体之半。染色体小型，$x = 15$ 或 17，$2n = 30$，34。

含 4 种，1 种为广布种，主产东亚，其余产北美。我国有 1 种，近年从北美引种 2 种。

1. 多年生，具根状茎，圆锥花序混杂，即花序下部的分枝上可着生雌雄小穗······ 菰 *Z. latifolia* (Griseb.) Stapf.

1. 一年生，无根状茎；圆锥花序单钝，即上部分枝全为雌性，下部分枝全为雄性。

　2. 秆高 1.2 ～ 3 m；叶片长 25 ～ 100 cm，宽 1 ～ 4 cm；叶舌长 17 ～ 24 mm；结养外稃具芒长 4 ～ 6.5 cm；花果期 7—8 月 ·················· 水生菰 *Z. aquatica* L.

　2. 秆高 0.7 ～ 1.5 m；叶片长 16 ～ 30 cm，宽 1 ～ 1.9 cm；叶舌长 3 ～ 10 mm；结养外稃具芒长 3 ～ 4 cm；花果期 5 月中旬至 6 月中旬·················· 沼生菰 *Z. palustris* L.

五、水葱 *Schoenoplectus tabernaemontani*

被子植物门，单子叶植物纲，莎草目，莎草科，藨草亚科，藨草属。

匍匐根状茎粗壮，具许多须根。秆高大，圆柱状，高 1 ～ 2 m，平滑，基部具 3 ～ 4 个叶鞘，鞘长可达 38 cm，管状，膜质，最上面一个叶鞘具叶片。叶片线形，长 1.511 cm。苞片 1 枚，为秆的延长，直立，钻状，常短于花序，极少数稍长于花序；长侧枝聚繖花序简单或复出，假侧生，具 4 ～ 13 或更多个辐射枝；辐射枝长可达 5 cm，一面凸，一面凹，边缘有锯齿；小穗单生或 2 ～ 3 个簇生于辐射枝顶端，卵形或长圆形，顶端急尖或钝圆，长 5 ～ 10 mm，宽 2 ～ 3.5 mm，具多数花；鳞片椭圆形或宽卵形，顶端稍凹，具短尖，膜质，长约 3 mm，棕色或紫褐色，有时基部色淡，背面有铁锈色突起小点，脉 1 条，边缘具缘毛；下位刚毛 6 条，等长于小坚果，红棕色，有倒刺；雄蕊 3，花药线形，药隔突出；花柱中等长，柱头 2，罕 3，长于花柱。小坚果倒卵形或椭圆形，双凸状，稀棱形，长约 2 mm。花果期 6—9 月。

产于我国东北各省、内蒙古、山西、陕西、甘肃、新疆、河北、江苏、贵州、四川、云南各地；生长在湖边或浅水塘中。也分布于朝鲜、日本、澳洲、南北美洲。

在北京有栽培作观赏用；云南一带常取其秆作为编缮蓆子的材料。H. A. Glea-son 氏在 Rept. Michigan Acad. Sci. XX (1918) 153 发表的报告中说到，本种的秆是观察研究原始形成层组织的不同阶段的好材料。

本种与 *Scirpus tabernaemontani Gmel.* 的区别在其花序较大而疏散，鳞片棕色，而不像后者为红棕色，鳞片上突起的小点一般较少。

六、千屈菜属 *Lythrum Linn.*

被子植物门，双子叶植物纲，桃金娘目，千屈菜科。

一年生或多年生草本，稀灌木；小枝常具 4 棱。叶交互对生或轮生，稀互生，全缘。花单生叶腋或组成穗状花序、总状花序或歧伞花序；花辐射对称或稍左右对称，4～6 基数；萼筒长圆筒形，稀阔钟形，有 8～12 棱，裂片 4～6，附属体明显，稀不明显；花瓣 4～6，稀 8 枚或缺；雄蕊 4～12，成 1～2 轮，长、短各半，或有长、中、短三型；子房 2 室，无柄或几无柄，花柱线形，亦有长、中、短三型，以适应同型雄蕊的花粉。蒴果完全包藏于宿存萼内，通常 2 瓣裂，每瓣或再 2 裂；种子 8 至多数，细小。

本属约 35 种，广布于全世界，我国有 4 种。

1. 叶片基部圆形或近心形，无柄，略抱茎。
　2. 全株被灰白色或带白色的绒毛或粗毛，尤以花序为甚…… **千屈菜 L. salicaria Linn.**
　2. 全株无毛，或仅沿叶片和苞片边缘及萼筒的棱上疏被小柔毛……… **中型千屈菜 L. intermedium Ledeb.**
1. 叶片基部楔形；植株各部无毛。
　3. 叶片椭圆状披针形或披针形，长 2～4 cm，全缘；花 3～5 朵成聚伞花序，生于叶腋或轮生状…………………………………………**光千屈菜 L. anceps (Koehne) Mak.**
　3. 叶线状披针形至披针形，长 3～13 cm，边缘有时具微小锯齿；花 2～3 朵成聚伞花序，生于枝顶组成穗状花序状 …………………**帚枝千屈菜 L. virgatum Linn.**

七、菖蒲属 *Acorus L.*

单子叶植物纲，天南星目，天南星科。

多年生常绿草本。根茎匍匐，肉质，分枝，细胞含芳香油。叶二列，基生而嵌列状，形如鸢尾，无柄，箭形，具叶鞘。佛焰苞很长部分与花序柄合生，在肉穗花序着生点之上分离，叶状，箭形，直立，宿存。花序生于当年生叶腋，柄长，全部贴生于佛焰苞鞘上，常为三棱形。肉穗花序指状圆锥形或纤细几成鼠尾状；花密，自下而上开放。花两性：花被片 6，长胜于宽，拱形，靠合，近截平，外轮 3 片；雄蕊 6，花丝长线形，与花被片等长，先端渐狭为药隔，花药短；药室长圆状椭圆形，近对生，超出药隔，室缝纵长，全裂，药室内壁前方的瓣片向前卷，后方的边缘反折；子房倒圆锥状长圆形，与花被片等长，先端近截平，2～3 室；每室胚珠多数，直立，珠柄短，海绵质，着生于子房室的顶部，略呈纺锤形，临近珠孔的外珠被多少流苏状，珠孔内陷；花柱极短；柱头小，无柄。浆果长圆形，顶端渐狭为近圆锥状的尖头，红色，藏于宿存花被之下，2～3室，有的室不育。种子长圆形，从室顶下垂，直，有短的珠柄；珠被2层：外种皮肉质，远长于内种皮，到达珠孔附近，流苏状，内种皮薄，具小尖头。胚乳肉质，胚具轴，圆柱形，长与胚乳相等。

4种。分布于北温带至亚洲热带。我国都有。

1. 叶具中肋，叶片剑状线形，长而宽，长90～150 cm，宽1～3 cm ……………**菖蒲** *A. calamus L.*

1. 叶不具中肋，叶片线形，较狭而短。

  2. 叶片宽7～13 mm。

    3. 叶状佛焰苞长13～25 cm，为肉穗花序长的2～5倍 ………………**石菖蒲** *A. tatarinowii Schott.*

    3. 叶状佛焰苞长达45 cm，为肉穗花序长的7～8倍 ………………**长苞菖蒲** *A. rumphianus S. Y. Hu.*

  2. 叶片宽不及6 mm，叶状佛焰苞短，长仅3～9 cm，为肉穗花序长的1～2倍 …………………………………………………… **金钱蒲** *A. gramineus Soland.*

八、芦竹属 *Arundo L.*

被子植物门，单子叶植物纲，禾本目，禾本科，芦竹亚科。

多年生草本，具长匍匐根状茎。秆直立，高大，粗壮，具多数节。叶鞘平滑无毛；叶舌纸质，背面及边缘具毛；叶片宽大，线状披针形。圆锥花序大型，分枝密生，具多数小穗。小穗含2～7花，两侧压扁；小穗轴脱节于孕性花之下；两颖近相等，约与小穗等长或稍短，披针形，具3～5脉；外稃宽披针形，厚纸质，背部近圆形，无脊，通常具3条主脉，中部以下密生白色长柔毛，基盘短小，顶端具尖头或短芒；内稃短，长为其外稃之半，两脊上部有纤毛；雄蕊3，花药长2～3 mm。颖果较小，纺锤形。染色体小型，$x = 12$，$2n = 60$、72、110、112。

约5种，分布于全球热带、亚热带。我国有2种。

1. 植株高大粗壮，秆高2～5 (-7) m，小穗长8～10 mm，外稃背部之柔毛长约5 mm……**芦竹** *A. donax L.*

1. 植株矮小，秆高1 m左右，小穗长5～7 mm，外稃背部之柔毛长约3 mm……**台湾芦竹** *A.formosana Hack.*

九、荻属 *Triarrhena Nakai.*

被子植物门，单子叶植物纲，禾本目，禾本科，黍亚科，荻属。

多年生直立高大草本，具多数发达的横走根状茎。叶片带状，叶舌与耳部具长毛。顶生圆锥花序大型，由多数总状花序组成。小穗含 1 两性小花，孪生于延续的总状花序轴上，具不等长的小穗柄；基盘具长于小穗两倍的长柔毛；颖厚纸质，第一颖两侧内折而成 2 脊，边缘和上部或背部具长柔毛，脊间无脉或有不明显的脉；外稃透明膜质，第一外稃内空；第二小花两性，其外稃顶端无芒；雄蕊 3 枚，先雌蕊而成熟，柱头从小穗下部之二侧伸出。染色体小型，*x*=10。

约 3 种，分布于中国及日本。我国有 2 种、8 变种、8 变型。

1. 秆高 1 ～ 1.5 m，直径约 0.5 cm，具 10 余节，节密生长约 2 mm 的柔毛。伞房状圆锥花序长约 20 cm，分枝腋间具柔毛，小穗柄基部与总状花序轴节间常具短柔毛；花药长 2.5 ～ 3 mm。颖果长约 1.5 mm，分布于北纬 30° 以北，东北、华北至日本、苏联远东地区，生于温带地区的平原岗地和丘陵山谷. 是防沙固堤植物 ……………………**荻 *T. sacchariflora (Maxim.) Nakai.***

1. 秆高 3 ～ 6（-7.2）m，直径 1.5 ～ 2.5（-4.7）cm，具 30 ～ 42 节，节大多无毛。大型圆锥花序长 0 ～ 40 cm。分桂腋间无毛；小穗柄基部与总状花序轴节间无毛或偶有毛，花药长 1.5 ～ 2 mm。颖果长 2 ～ 2.5 mm，分布于长江中、下游以南的湖洲、淤滩以及夏季被洪水淹灌的江岸河边 ……………………**南荻 *T. lutarioriparia L. Liu.***

十、鸢尾属 *Iris L.*

1. 根非肉质，中部不膨大；根状茎长，块状，节明显。花茎非二歧状分枝或无明显的花茎。外花被裂片的中脉上无任何附属物，少数种只生有单细胞的纤毛。

  2. 外花被裂片非提琴形。

    3. 花茎有数个细长的分枝；叶宽 1.2 cm 以上。花黄色。花直径 10 ～ 11 cm；叶中脉较明显……………………**黄菖蒲 *I. pseudacorus L.***

    3. 花茎不分枝或有 1 ～ 2 个短的侧枝，或无明显的花茎；叶宽 1.2 cm 以下。

      4. 植株形成密丛；根状茎木质。根状茎非块状，斜伸，外包有不等长的老叶残留叶鞘及纤维；花被管长约 3 mm……………………**白花马蔺 *I. lactea Pall.***

        5. 花为浅蓝色、蓝色或蓝紫色，花被上有较深色的条纹，其他特征均与白花马蔺相同……………………**马蔺 *I. lactea Pall. var. chinensis (Fisch.) Koidz.***

      4. 植株不形成密丛；根状茎不为木质。每花茎顶端生有 2 朵花。根状茎较粗壮；花直径 6 cm 以上；苞片披针形。

　　6. 花黄色、黄绿色。内花被裂片向外倾斜；外花被裂片爪部的两侧有紫色的耳状突起物……………………………………**黄花鸢尾 *I. wilsonii C. H. Wright.***

　　6. 花紫色、蓝紫色、蓝色或白色。叶中脉明显。叶条形，宽 0.5 ～ 1.2 cm；苞片近革质，顶端急尖、渐尖或钝，平行脉明显 ……………**玉蝉花 *I. ensata Thunb.***

　　7. 本变种为园艺变种，品种甚多，植物的营养体、花型及颜色因品种而异。叶宽条形，长 50 ～ 80 cm，宽 1 ～ 1.8 cm，中脉明显而突出。花茎高约 1 m，直径 5 ～ 8 mm；苞片近革质，脉平行，明显而突出，顶端钝或短渐尖；花的颜色由白色至暗紫色，斑点及花纹变化甚大，单瓣以至重瓣。性喜潮湿，多栽于河、湖、池塘边，或盆栽。花期 6—7 月，果期 8—9 月 …………………**蒲 *I. ensata var. hortensis Makino et Nemoto.***

　2. 外花被裂片的中脉上有附属物。

　　　8. 外花被裂片上有鸡冠状的附属物。无明显的地上茎；叶基生。花茎不分枝或有 1 ～ 2 个侧枝。有明显的根状茎；须根细而短；花柱狭，顶端裂片不集中于花中央。根状茎直径约 1 cm；宽 1.5 ～ 3.5 cm；花直径约 10 cm，鸡冠状附属物表面不整齐………………………………………**鸢尾 *I. tectorum Maxim.***

　　　8. 外花被裂片上有须毛状的附属物。植株高达 1 m；内轮花被裂片倒卵形或圆形，宽约 5 cm。苞片绿色，草质，边缘膜质………**德国鸢尾 *I. germanica L.***

十一、蓼属 *Polygonum L.*

被子植物门，双子叶植物纲，蓼目，蓼科。

一年生或多年生草本，稀为半灌木或小灌木。茎直立、平卧或上升，无毛、被毛或具倒生钩刺，通常节部膨大。叶互生，线形、披针形、卵形、椭圆形、箭形或戟形，全缘，稀具裂片；托叶鞘膜质或草质，筒状，顶端截形或偏斜，全缘或分裂，有缘毛或无缘毛。花序穗状、总状、头状或圆锥状，顶生或腋生，稀为花簇，生于叶腋；花两性稀单性，簇生稀为单生；苞片及小苞片为膜质；花梗具关节；花被 5 深裂稀 4 裂，宿存；花盘腺状、环状，有时无花盘；雄蕊 8，稀 4 ～ 7；子房卵形；花柱 2 ～ 3，离生或中下部合生；柱头头状。瘦果卵形，具 3 棱或双凸镜状，包于宿存花被内或突出花被之外。

约 230 种，广布于全世界，主要分布于北温带。我国有 113 种、26 变种，南北各省（区）均有。

一年生或多年生草本。茎直立，分枝；叶全缘；托叶鞘筒状，顶端截形，具缘毛。总状花序呈穗状；花被 5 深裂，稀 4 深裂；雄蕊 4 ～ 8；花柱 2 ～ 3。瘦果卵形，双凸镜状或具 3 棱。

1. 多年生草本。

　2. 水陆两栖植物；水生者叶长圆形，基部近心形；陆生者叶披针形，基部近圆形……………………………………………………………… **两栖蓼 *P. amphibium L.***

1. 一年生草本。

      7. 植株被毛或仅沿叶脉及托叶鞘被毛。

       8. 花序梗被腺毛或腺体。

        9. 花序梗被短腺毛。

         10. 花序梗疏被短腺毛；茎、枝疏生柔毛或近无毛；瘦果双凸镜状，稀具 3 棱…………………………………………………… **春蓼 *P. persicaria L.***

         10. 花序梗及茎、枝密被短腺毛及开展的长硬毛；瘦果具 3 棱 ·····

香蓼 *P. viscosum Buch.-Ham. ex D. Don.*

        9. 花序梗被腺体。

         11. 花被 5 深裂；瘦果卵形，具 3 棱····· **粘蓼 *P. viscoferum Mak.***

         11. 花被 4 深裂，稀 5 深裂；瘦果宽卵形，双凹。

          12. 叶下面沿中脉被短硬伏毛 ………… **酸模叶蓼（原变种）*P. lapathifolium var. lapathifolium.***

          12. 叶下面或全植株被绵毛。

           13. 叶下面被绵毛 ………**绵毛酸模叶蓼 *P. lapathifolium var. salicifolium Sibth.***

        8. 花序梗无腺毛、腺体。

           14. 托叶鞘顶端通常具缘色的翅；叶宽 5 ～ 12 cm ………

红蓼 *P. orientale L.*

           14. 托叶鞘顶端无翅；叶宽不超过 4 cm。

          15. 叶干后不为暗蓝绿色。

           17. 花被具腺点。

            18. 叶披针形，长 4 ～ 10 cm；花被片 2 ～ 3 mm。

             19. 茎无毛；花被上部白色或淡红色；叶具辛辣味，叶腋具闭花受精花 ………………………………………… **水蓼 *P. hydropiper L.***

十二、水芹属 *Oenanthe L.*

被子植物门，双子叶植物纲，伞形目，伞形科。

光滑草本，二年生至多年生，很少为一年生，有成簇的须根。茎细弱或粗大，通常呈匍匐性的上升或直立，下部节上常生根。叶有柄，基部有叶鞘；叶片羽状分裂至多回羽状分裂，羽片或末回裂片卵形至线形，边缘有锯齿呈羽状半裂，或叶片有时简化成线形管状的叶柄。花序为疏松的复伞形花序，花序顶生与侧生；总苞缺或有少数窄狭的苞片；小总苞片多数，狭窄，比花柄短；伞辐多数，开展；花白色；萼齿披针形，宿存；小伞形花序外缘花的花瓣通常增大为辐射瓣；花柱基平压或圆锥形，花柱伸长，花后挺直，很少脱落。果实圆卵形至长圆形，光滑，侧面略扁平，果棱钝圆，木栓质，两个心皮的侧棱通常略相连，较背棱和中棱宽而大。分生果背部扁压；每棱槽中有油管 1，合生面油管 2；胚乳腹面平直；无心皮柄。

约 30 种。分布于北半球温带和南非洲。我国产 9 种 1 变种，主产于西南及中部地区。

1. 叶片通常简化，羽片成对稀疏排列在叶轴上部 …… **高山水芹 O. hookeri C. B. Clarke.**

1. 叶片不简化，羽片不稀疏排列在叶轴上部。

  2. 果实背棱稍木栓质，棱槽不显著；叶裂片宽线形，通常卵状披针形、长斜方形至椭圆形。

    3. 植株不粗壮；叶裂片小，长 2.5～4 cm，宽 1.5～2 cm，倒披针形、卵形或菱状披针形，顶端尖锐，稀有长渐尖，边缘有尖锐齿。

      4. 茎自基部多分枝；伞辐 4～10，长 0.5～1 cm …………… **短辐水芹 O. benghalensis Benth. et Hook.**

      4. 茎分枝不多；伞辐 6～16，长 1～3 cm………… **水芹 O javanica (Bl.) DC.**

    3. 植株较粗壮；叶裂片大，长 4～5 cm，宽 2～3 cm；菱状卵形或椭圆形，顶端长渐尖，边缘有钝锯齿 ………… **卵叶水芹 O. rosthornii Diels.**

  2. 果实背棱非木栓质，棱槽显著；叶裂片狭窄，通常线形，有时披针形、卵形或卵状楔形。

    5. 叶 1～2 回羽状分裂，末回裂片通常为广卵形或长线形。

      6. 叶有短柄 ………… **线叶水芹 O. linearis Wall. ex DC.**

      6. 叶有长柄。

        7. 茎上部叶与下部叶同形，叶片为楔状披针形，卵形或线状披针形，边缘羽状半裂或全缘………… **中华水芹 O. sinensis Dunn.**

        7. 茎下部叶片为卵形，边缘有缺刻齿，上部叶裂片线形 ……… **蒙自水芹 O. rivularis Dunn.**

    5. 叶 2～3 回羽状分裂，有时 4～5 回羽状分裂，末回裂片短线形或长线形。

        8. 叶 2～3 回羽状全裂，稀为 4 回羽状分裂；伞辐 5～12（西南水芹 **O. dielsii de Boiss.**）。

          9. 末回裂片短披针形 ………… **西南水芹（原变种）O. dielsii var. dielsii.**

          9. 末回裂片长椭圆状线形 …… **细叶水芹 O. dielsii var. stenophylla de**

Boiss.

   8. 叶 3～4 回羽状分裂，稀为 5 回羽状分裂；伞辐 4～8………**多裂叶水芹** *O. thomsonii C. B. Clarke.*

十三、花蔺属 *Butomus Linn.*

被子植物门，单子叶植物纲，沼生目，花蔺科。

多年生水生草本，有粗壮的横走根茎。叶基生，条形扭曲，呈三棱状。花葶直立，聚伞状伞形花序顶生，具苞片 3 枚；花多数，两性；花被片 6 枚，宿存，2 轮排列，外轮 3 枚萼片状，较小，绿色，内轮 3 枚花瓣状，粉红色；雄蕊 9 枚，分离，花药底着，2 室，纵裂；心皮 6 枚，通常基部联合成一环，子房内胚珠多数，着生于心皮的内壁。果为蓇葖果，具顶生长喙。种子具沟纹；胚直立。

本属仅 1 种，产于我国长江以北各省区。生于沼泽、水边或浅水塘中。分布于亚洲、欧洲和非洲南部。

十四、雨久花属 *Monochoria Presl.*

被子植物门，单子叶植物纲，粉状胚乳目，雨久花科。

多年生沼泽或水生草本，在不利的环境下为假一年生。茎直立或斜上，从根状茎发出。叶基生或单生于茎枝上，具长柄；叶片形状多变化，具弧状脉。花序排列成总状或近伞形状花序，从最上部的叶鞘内抽出，基部托以鞘状总苞片；花近无梗或具短梗；花被片 6 枚，深裂几达基部，白色、淡紫色或蓝色，中脉绿色，开花时展开，后来螺旋状扭曲，内轮 3 枚较宽；雄蕊 6 枚，着生于花被片的基部，较花被片短，其中有 1 枚较大，其花丝的一侧具斜伸的裂齿，花药较大，蓝色，其余 5 枚相等，具较小的黄色花药；花药基部着生，顶孔开裂，最后裂缝延长；子房 3 室，每室有胚珠多颗；花柱线形；柱头近全缘或微 3 裂。蒴果室背开裂成 3 瓣。种子小，多数。

本属约 5 种，分布于非洲东北部、亚洲东南部至澳大利亚南部。通常生长于池塘、沟渠、湖沼靠岸浅水处或稻田、水沟中。我国产 3 种。

1. 植株高大，高通常 35～90 cm（稀更高）；叶片卵状心形，箭形或三角状卵形。

  2. 叶片卵状心形或宽心形，基部裂片圆钝，长 4～10 cm；花序有花 10 余朵……………………………………………**雨久花** *M. korsakowii Regel et Maack.*

  2. 叶片三角状卵形或箭形，基部裂片戟形或箭形，长 7～15（25）cm；花序有花 10～40 朵 ……………………………… **箭叶雨久花** *M. hastata (Linn.) Solms.*

1. 植株矮小，高通常 12～35 cm；叶片卵形至卵状披针形，长 2～7 cm，宽 0.8～5 cm，基部钝圆或浅心形；花序有花 3～15 朵………… **鸭舌草** *M. vaginalis (Burm. f.) Presl.*

十五、鸭跖草属 *Commelina Linn.*

被子植物门，单子叶植物纲，粉状胚乳目，鸭跖草科。

一年生或多年生草本。茎上升或匍匐生根，通常多分枝。蝎尾状聚伞花序藏于佛焰苞状总苞片内；总苞片基部开口或合缝而成漏斗状、僧帽状；苞片不呈镰刀状弯曲，通常极小或缺失。生于聚伞花序下部分枝的花较小，早落；生于上部分枝的花正常发育；萼片3枚，膜质，内方2枚基部常合生；花瓣3枚，蓝色，其中内方（前方）2枚较大，明显具爪；能育雄蕊3枚，位于一侧，两枚对萼，一枚对瓣，退化雄蕊2～3枚，顶端4裂，裂片排成蝴蝶状，花丝均长而无毛。子房无柄，无毛，3室或2室，背面一室含1颗胚珠，有时这个胚珠败育或完全缺失；腹面2室每室含1～2胚珠。蒴果藏于总苞片内，2～3室（有时仅1室），通常2～3片裂至基部，最常2片裂，背面一室常不裂，腹面2室每室有种子1～2颗，但有时也不含种子。种子椭圆状或金字塔状，黑色或褐色，具网纹或近于平滑，种脐条形，位于腹面，胚盖位于背侧面。

全属约100种，广布于全世界，主产热带、亚热带地区。我国南方产7种，其中鸭跖草一种广布。

1. 佛焰苞边缘分离，基部心形或浑圆。

　　2. 蒴果3室；佛焰苞披针形，基部心形或浑圆；花远伸出佛焰苞…………**节节草 C. diffusa Burm. f.**

　　2. 蒴果2室；佛焰苞心形。

　　　3. 叶片长8～13 cm，宽3～5 cm；蒴果每室仅有种子一粒；佛焰苞顶端钝…………………………………… **大叶鸭跖草 C. suffruticosa Bl.**

　　　3. 叶片长3～9 cm，宽不超过2 cm；蒴果每室有种子2粒；佛焰苞顶端急尖…………………………………………… **鸭跖草 C. communis Linn.**

1. 佛焰苞因下缘连合而成漏斗状或风帽状。

　　4. 蒴果3片裂，每室2籽，叶有明显的柄，叶片卵形至宽卵形，长不超过7 cm……………………………………… **饭包草 C. bengalensis Linn.**

　　4. 蒴果3片裂或2片裂，每室1籽；叶无柄，如有柄，则佛焰苞很小，叶片披针形至卵状披针形，长可达15 cm。

　　　5. 佛焰苞小，长仅1 cm；植株无毛，叶片长2～4（6）cm……**耳苞鸭跖草 C. auriculata Bl.**

　　　5. 佛焰苞大，长2 cm或更大；植株被毛，少无毛；叶片长6 cm以上。

　　　　6. 植株粗壮，高达1 m，叶片长达12～15 cm，宽3～5 cm，叶鞘口部密被棕色细长硬睫毛；佛焰苞多个（4～10）在茎顶集成头状 ……………… **大苞鸭跖草**

C. paludosa Bl.

　　6. 植株较细弱而矮小，近直立或铺散；叶片长不超过 12 cm，宽不过 2.5 cm，叶鞘口部无毛或疏被黄白硬睫毛；佛焰苞 1 至多个集成头状。

　　　7. 植株常匍匐分枝；叶片卵状披针形；佛焰苞长 2 cm，顶端短急尖，2～3 个集成头状；蒴果 3 片裂 ……………………………………… **地地藕 *C. maculata Edgew.***

　　　7. 植株直立或上升，少匍匐分枝；叶片披针形，顶端长渐尖，宽不超过 2 cm；佛焰苞长 2.5 cm，顶端镰刀状短渐尖，一至多个集成头状；蒴果 3 片裂，其后面 1 室包着种子脱落 …………………………… **波缘鸭跖草 *C. undulata R. Br.***

十六、慈姑属 *Sagittaria Linn.*

　　被子植物门，单子叶植物纲，沼生目，泽泻亚目，泽泻科。

　　草本。具根状茎、匍匐茎、球茎、珠芽。叶沉水、浮水、挺水；叶片条形、披针形、深心形、箭形，箭形叶有顶裂片与侧裂片之分。花序总状、圆锥状；花和分枝轮生，每轮(1-)3 数，2 至多轮，基部具 3 枚苞片，分离或基部合生；花两性，或单性；雄花生于上部，花梗细长；雌花位于下部，花梗短粗，或无；雌雄花被片相近似，通常花被片 6 枚，外轮 3 枚绿色，反折或包果；内轮花被片花瓣状，白色，稀粉红色，或基部具紫色斑点，花后脱落，稀枯萎宿存；雄蕊 9 至多数，花丝不等长，长于或短于花药，花药黄色，稀紫色；心皮离生，多数，螺旋状排列。瘦果两侧压扁，通常具翅，或无。种子发育或否，马蹄形，褐色。$x=11$。

　　全属约 30 种，广布于世界各地，多数种类集中于北温带，少数种类分布在热带或近于北极圈。我国已知 9 种、1 亚种、1 变种、1 变型，除西藏等少数地区无记录外，其他各省区均有分布。

1. 植株高大，粗壮；叶片箭形或深心形；花序圆锥状，或总状，凡总状者，叶片必然浮水。

　2. 叶柄细长，柔软，不直立，叶片浮水，花序总状。

　　3. 叶片无顶裂片与侧裂片之分，基部深心形；果翅具鸡冠状深裂 …………**冠果草 *S. guyanensis subsp. lappula (D. Don) Bojin.***

　　3. 叶片有顶裂片与侧裂片之分；果翅不整齐，无鸡冠状深裂 …………**浮叶慈姑 *S. natans Pall.***

　2. 叶柄粗壮，直立，叶片挺出水面，花序圆锥状。

　　4. 瘦果两侧具脊，果长 6～7 mm；外轮花被片不反折，花后仍包心皮，或包果实一部分，叶腋内具珠芽 ……………………… **利川慈姑 *S. lichuanensis J. K. Chen.***

　　4. 瘦果两侧无脊，果长 4～5 mm；外轮花被片花后反折，不包果实，叶腋内无珠芽。

　　　5. 花药紫色，叶侧裂片与顶裂片等长，或稍长于顶裂片 …………**欧洲慈姑**

S. sagittifolia Linn.

5. 花药黄色，叶侧裂片明显长于顶裂片，从不等长 ⋯⋯**野慈姑 *S. trifolia Linn.***

1. 植株矮小，细弱；叶片条形、披针形，如具箭形叶，必有披针形叶同在；花序总状无分枝。

6. 叶有叶片与叶柄之分，叶片条状披针形、披针形，或箭形。

7. 叶片披针形、箭形同时存在，雌花有梗，长 0.5 ～ 1 cm；果翅具波状齿，稀平滑⋯⋯⋯⋯⋯⋯⋯⋯⋯⋯⋯⋯⋯⋯⋯**小慈姑 *S. potamogetifolia Merr.***

7. 叶片全部条状披针形，无箭形叶，雌花无梗，果翅全缘⋯⋯**腾冲慈姑 *S. tengtsungensis H. Li.***

6. 叶无叶片与叶柄之分，全部条形，叶柄状。

8. 植株基部宿存纤维状叶鞘，具球茎，雌花 3 朵，轮生，具梗，长 4 ～ 6 mm⋯⋯⋯⋯⋯⋯⋯⋯⋯⋯⋯⋯**高原慈姑 *S. altigena Hand. -Mazz.***

8. 植株基部无纤维状叶鞘，具匍匐茎，通常无球茎，雌花 1 朵，无梗⋯⋯⋯⋯⋯⋯⋯⋯⋯⋯⋯⋯⋯⋯⋯⋯⋯⋯⋯**矮慈姑 *S. pygmaea Miq.***

十七、泽泻属 *Alisma Linn.*

被子植物门，单子叶植物纲，沼生目，泽泻亚目，泽泻科。

多年生水生或沼生草本。具块茎或无，稀具根状茎。花期前有时具乳汁，或无。叶基生，沉水或挺水，全缘；挺水叶具白色小鳞片，叶脉 3 ～ 7 条，近平行，具横脉。花葶直立，高 7 ～ 120 cm。花序分枝轮生，通常 (1-) 2 至多轮，每个分枝再作 1 ～ 3 次分枝，组成大型圆锥状复伞形花序，稀呈伞形花序；分枝基部具苞片及小苞片。花两性或单性，辐射对称；花被片 6 枚，排成 2 轮，外轮花被片萼片状，边缘膜质，具 5 ～ 7 脉，绿色，宿存，内轮花被片花瓣状，比外轮大 1 ～ 2 倍，花后脱落；雄蕊 6 枚，着生于内轮花被片基部两侧，花药 2 室，纵裂，花丝基部宽，向上渐窄，或骤然狭窄；心皮多数，分离，两侧压扁，轮生于花托，排列整齐否否，花柱直立、弯曲或卷曲，顶生或侧生；花托外凸呈球形、平凸或凹凸。瘦果两侧压扁，腹侧具窄翅否否，背部具 1 ～ 2 条浅沟，或具深沟，两侧果皮草质、纸质或薄膜质。种子直立，深褐色，黑紫色或紫红色，有光泽，马蹄形。

全属过去记载 9 种，现有 11 种，主要分布于北半球温带和亚热带地区，大洋洲有 2 种。我国产 6 种。

1. 植株细弱，高 6 ～ 16 cm；叶片薄纸质；花药宽大于长，花柱长 0.1 ～ 0.2 mm⋯⋯**小泽泻 *A. nanum D. F. Cui.***

1. 植株粗壮，高常在 20 cm 以上；叶片厚纸质；花药长大于宽，花柱长 0.4 mm 以上。

2. 挺水叶椭圆形、卵形或浅心形。

3. 花柱长 0.7～1.5 mm，内轮花被片边缘具粗齿；瘦果排列整齐，果期花托平凸，不呈凹形……………………………………………………… 泽泻 *A. plantago-aquatica Linn.*

3. 花柱长约 0.5 mm，内轮花被片边缘波状；瘦果排列不整齐，果期花托呈凹形……………………………………………………… 东方泽泻 *A. orientale (Samuel.) Juz.*

2. 挺水叶全部披针形或宽披针形。

4. 果实背部边缘光滑，中部具 1 条深沟槽，叶片窄披针形，或多少镰状弯曲………………………………………………… 窄叶泽泻 *A. canaliculatum A. Braun et Bouche.*

4. 果实背部边缘多少有棱而不光滑，中部具 1～2 条浅沟，或否；叶片直，从不镰状，宽披针形。

5. 瘦果两侧果皮薄膜质，可见种子；花丝基部宽约 0.6 mm，向上渐窄，花柱近直，从不卷曲………………………………………………… 膜果泽泻 *A. lanceolatum Wither.*

5. 瘦果两侧果皮纸质或厚纸质；种子不显；花丝基部宽约 1 mm，向上骤然收缩，花柱向背卷曲，从不直立 ………………………………………………… 草泽泻 *A. gramineum Lej.*

十八、黑三棱属 *Sparganium Linn.*

被子植物门，单子叶植物纲，露兜树目，黑三棱科。

多年生水生或沼生草本，稀湿生。块茎膨大，肥厚或较小；根状茎粗壮，或细弱。茎直立或倾斜，挺水或浮水，粗壮或细弱。叶条形，二列，互生，叶片扁平，或中下部背面隆起龙骨状凸起或呈三棱形，挺水或浮水。花序由许多个雄性和雌性头状花序组成大型圆锥花序、总状花序或穗状花序；总状花序者，下部 1～2 个雌性头状花序具总花梗，其总花梗下部多少贴生于主轴；雄性头状花序 1 至多数，着生于主轴或侧枝上部，雌性头状花序位于下部；雄花被片膜质，雄蕊通常 3 枚或更多，基部有时联合，花药基着，纵裂；雌花具小苞片，膜质，鳞片状，短于花被片，花被片 4～6 枚，生于子房基部或子房柄上，宿存，厚纸质至裂，顶端具小尖头，花粉粒椭圆形，单沟；雌花序乳白色，佛焰苞数枚，长约 8 cm，宽约 3 cm 膜质，条形、楔形或近倒三角形，先端全缘、不整齐、缺刻、浅裂或深裂，柱头单 1 或分叉，单侧，花柱较长至无，子房无柄或有柄，1 室，稀 2 室，胚珠 1 枚，悬垂。果实具棱或无棱，外果皮较厚，海绵质，内果皮坚纸质。种子具薄膜质种皮。

19 种，北半球温带或寒带。仅 1 种或 2 种分布于东南亚、澳大利亚和新西兰等地。

1. 植株直立；茎叶挺出水面，叶片背面呈三棱形，龙骨状凸起，或呈半月形隆起，绝非扁平。

2. 花序圆锥状开展，侧枝正常发育，具雄性和雌性头状花序；子房下部收缩而无柄（无柄组 *Sect. Sparganium*）。

3. 圆锥花序具 3～5(7)个侧枝；花期雌性头状花序直径15～20 mm；柱头分叉或否，

长 3 ～ 4 mm；子房顶端骤然收缩；果实具棱……………………………………………黑三棱
S. stoloniferum (Graebn.) Buch. -Ham. ex Juz.

　　3. 圆锥花序通常只有 1 个侧枝，稀 2 枚；花期雌性头状花序直径 7 ～ 14 mm；柱头不分叉，长 1.5 ～ 2 mm，子房顶端逐渐收缩，呈金字塔形；果实无棱。

　　　4. 叶片宽约 3 mm；花序主轴和侧枝劲直；花期雌性头状花序直径 7 mm；花柱长约 0.5 mm……………………………… **狭叶黑三棱 S. stenophyllum Maxim. ex Meinsh.**

　　　4. 叶片宽 4 ～ 5 mm；花序主轴和侧枝均作之字形弯曲；花期雌性头状花序直径约 14 mm；花柱长约 1 mm，或更长………………**沼生黑三棱 S. limosum Y. D. Chen.**

　2. 花序总状或穗状；侧枝退化，只留有 1 个雌性头状花序，或全部退化，仅留其痕迹；子房具柄。

　　　5. 头状花序在主轴上不呈穗状排列，不包主轴和叶状苞片基部，无不孕雌花；花被片边缘不整齐至浅裂（**有柄组 Sect. Natantia Asch. et Graebn.**）。

　　　　6. 主轴弯曲，雌性头状花序生于凹处；子房下部逐渐收缩，基部具短柄……………………………………………**曲轴黑三棱 S. fallax Graebn.**

　　　　6. 主轴劲直，雌性头状花序生于主轴两侧；子房基部骤然收缩，明显具柄。

　　　　　7. 花序主轴细长，长 10 ～ 20 cm；雄性头状花序 4 ～ 8 个，远离雌性头状花；雌性头状花序之间互不靠近 ………………………**小黑三棱 S.m simplex Huds.**

　　　　　7. 花序主轴短粗，长 6 ～ 15 cm；雄性头状花序 1 ～ 2 (3) 个，紧靠近雌性头状花序；雌性头状花序之间互相靠近或连接 …… **短序黑三棱 S. glomeratum Laest.**

　　　5. 头状花序在主轴上呈穗状排列，包住主轴和叶状苞片基部，具不孕雌花；花被片边缘浅裂至深裂（**包轴组 Sect. Conferta Y. D. Chen**）………………**穗状黑三棱**
S. confertum Y. D. Chen.

1. 植株浮水或基部斜卧水中；茎叶通常浮水；叶片扁平，或背面中下部呈半月状隆起，无龙骨状凸起，绝不呈三棱形（**扁叶组 Sect. Minima Asch. et Graebn.**）。

　　　8. 植株粗壮，茎高 1 m 以上；叶片宽约 10 mm；花序主轴中下部弯曲；雄性头状花序 8 ～ 10 个……………………**云南黑三棱 S. yunnanense Y. D. Chen.**

　　　8. 植株细弱，茎高 30 ～ 70 cm；叶片宽 2 ～ 4 mm；花序主轴劲直，从不弯曲；雄性头状花序 1 ～ 4 个。

　　　　9. 花柱明显存在；果实椭圆形或宽披针形；叶片横切面扁平，较薄。

　　　　　10. 雄性头状花序 2 ～ 3 (4) 个；植株浮水，从不直立；叶鞘多少膨大，显著比叶片宽……………………**线叶黑三棱 S. angustifolium Michx.**

　　　　　10. 雄性头状花序只有 1 个，稀 2 个；植株基部斜卧，罕直立；叶鞘不膨大，不显著比叶宽…………………………**矮黑三棱 S. minimum Wallr.**

9. 花柱极短，或几无；果实阔倒卵形；叶片横切面近半月形……………
无柱黑三棱 *S. hyperboreum Laest. ex Beurl.*

十九、豆瓣菜属 *Nasturtium R. Br.*

被子植物门，双子叶植物纲，罂粟目，十字花科。

一年生或多年生草本，具多数分枝，水生或陆生，植株光滑无毛或具糙毛。羽状复叶或为单叶，叶片篦齿状深裂或为全缘。总状花序顶生，短缩或花后延长，花白色或白带紫色。长角果近圆柱形或稍与假隔膜呈平行方向压扁。种子每室 1～2 行，多数；子叶缘倚胚根。

本属原与 *Rorippa Scop.* 未分，分出后有记载的共 2 种，我国均产。欧洲、非洲、北美及亚洲地区亦有分布。

1. 水生或湿生草本，植株光滑无毛；花较小，花瓣长 3～4 mm，宽 1～1.5 mm，白色；单数羽状复叶，小叶 3～7 片…………………………… **豆瓣菜 *N. officinale R. Br.***
1. 陆生小草本，植株具糙毛；叶片篦齿状深裂；花较大，花瓣长 3～5 mm，宽 1.5～3 mm，白带紫色………………………………… **西藏豆瓣菜 *N. tibeticum Maxim.***

二十、薄荷属 *Mentha Linn.*

被子植物门，双子叶植物纲，管状花目，唇形科，野芝麻亚科。

芳香多年生或稀为一年生草本，直立或上升，不分枝或多分枝。叶具柄或无柄，上部茎叶靠近花序者大都无柄或近无柄，叶片边缘具牙齿、锯齿或圆齿，先端通常锐尖或为钝形，基部楔形、圆形或心形；苞叶与叶相似，变小。轮伞花序稀 2～6 花，通常为多花密集，具梗或无梗；苞片披针形或线状钻形及线形，通常不显著；花梗明显。花两性或单性，雄性花有退化子房，雌性花有退化的短雄蕊，同株或异株，同株时常常不同性别的花序在不同的枝条上或同一花序上有不同性别的花。花萼钟形，漏斗形或管状钟形，10～13 脉，萼齿 5，相等或近 3/2 式二唇形，内面喉部无毛或具毛。花冠漏斗形，大都近于整齐或稍不整齐，冠筒通常不超出花萼，喉部稍膨大或前方呈囊状膨大，具毛或否，冠檐具 4 裂片，上裂片大都稍宽，全缘或先端微凹或 2 浅裂，其余 3 裂片等大，全缘。雄蕊 4，近等大，叉开，直伸，大都明显从花冠伸出，也有不超出花冠筒，后对着生稍高于前对，花丝无毛，花药 2 室，室平行。花柱伸出，先端相等 2 浅裂。花盘平顶。小坚果卵形，干燥，无毛或稍具瘤，顶端钝，稀于顶端被毛。

由于多型性及种间杂交的关系，本属种数极不确切，保守地认为有 15 种左右，但近二三十年来，由于采取细分，据记载约有 30 种左右，广泛分布于北半球的温带地区，少数种见于南半球，在南半球 1 种见于非洲南部，1 种见于南美及 1 种见于热带亚洲至澳大利亚。我国现今连栽培种（可能是杂交起源）在内比较确切的有 12 种，其中有 6 种为野生种。

1. 花萼宽钟形或漏斗状钟形，直伸，整齐，萼齿相等或近于相等，萼筒内面在喉部无毛，果时开张，外面肋不明显，非被微硬毛；花冠喉部稍膨大，不成浅囊状。（组 1. **薄荷 组 Sect. Mentha**）

  2. 轮伞花序着生于茎叶腋内，远离，有时几于全部茎上着生；叶高出轮伞花序；苞叶与叶同形；花冠喉部有毛。（亚组 1. **薄荷亚组 Subsect. Verticillatae Linn.**）

    3. 茎多分枝，上部被微柔毛，下部仅沿棱上被微柔毛；叶通常长圆状披针形，稀长圆形，较小，长 3～5（7）cm，边缘在基部以上疏生粗大的牙齿状锯齿；萼齿被微柔毛；雄蕊及花柱通常稍伸出 ……………………………………………… **薄荷 M. haplocalyx Briq.**

    3. 茎不分枝或上部分枝，密被柔毛；叶长椭圆状披针形，较大，长（2.5）4～9 cm，边缘有不规则的具胼胝尖的浅锯齿；萼齿被长疏柔毛；雄蕊及花柱通常十分伸出……………………………… **东北薄荷 M. sachalinensis (Briq.) Kudo.**

  2. 轮伞花序密集成顶生的常无叶的头状或穗状花序，位于下部的轮伞花序稍与上部者远离，或几乎全部的轮伞花序间隔，因而形成长而不连续的花序；茎叶低于轮伞花序；苞叶线形或近似于茎叶；花冠喉部有毛或无毛。

    4. 轮伞花序组成顶生的穗状花序，此花序连续或下部间断或其全部轮伞花序远隔；苞叶线形或近似于茎叶，通常微小；花萼钟形；花冠喉部无毛；小坚果顶端被毛。（亚组 3. **穗序薄荷亚组 S.. Spicatae Linn.**）

  5. 叶皱波状，卵形或卵状披针形，边缘具锐裂的锯齿；植株无毛；萼齿在果时稍靠合…………………………………………………… **皱叶留兰香 M. crispata Schrad.**

  5. 叶非皱波状；萼齿在果时不靠合。

    6. 叶无毛或近于无毛，两面暗绿色或亮绿色。

      7. 上部茎叶无柄或近于无柄；花序细长，长 4～10 cm，沿全长间断；植株亮绿色…………………………………………………… **留兰香 M. spicata Linn.**

二十一、苦草属 Vallisneria Linn.

被子植物门，单子叶植物纲，沼生目，花蔺亚目，水鳖科。

沉水草本。无直立茎，匍匐茎光滑或粗糙。叶基生，线形或带形，先端钝，基部稍呈鞘状，边缘有细锯齿或全缘，气道纵列多行；基出叶脉 3～9 条，平行，可直达叶端，脉间有横脉连接。雄佛焰苞卵形或广披针形，扁平，具短梗，含极多具短柄的雄花，成熟后先端开裂，雄花浮出水面开放；雄花小，萼片 3 枚，卵形或长卵形，大小不等；花瓣 3，极小；雄蕊 1～3 枚；雌佛焰苞管状，先端 2 裂，裂片圆钝或三角形，花梗甚长，直至将花托出水面，受精后螺旋状收缩；内含雌花 1 朵，萼片 3，质较厚；花瓣 3，极小，膜质；子房下位，圆柱形或长三角柱形，胚珠多数；花柱 3，2 裂。果实圆柱形或三棱长柱形，光滑或有翅。种子多数，长圆形或纺锤形，光滑或有翅。

本属 6 ～ 10 种，分布于两半球热带、亚热带、暖温带。我国有 3 种，南北各省区均产。

1. 叶脉光滑无刺；雄蕊 1 枚；果实圆柱形，光滑；种子无翅 …… **苦草 _V. natans (Lour.) Hara._**

1. 叶脉上有刺；雄蕊 2 枚；果实三棱状圆柱形。

 2. 种子有 2 ～ 5 枚翅………………………………………**刺苦草 _V. spinulosa Yan._**

 2. 种子无翅………………………… **密刺苦草 _V. denseserrulata (Makino) Makino._**

二十二、黑藻属 _Hydrilla Rich._

被子植物门，单子叶植物纲，沼生目，花蔺亚目，水鳖科。

沉水草本。具须根。茎纤细，圆柱形，多分枝。叶 3 ～ 8 片轮生，近基部偶有对生；叶片线形、披针形或长椭圆形，无柄。花单性，腋生，雌雄异株或同株；雄佛焰苞膜质，近球形，顶端平截，具数个短凸刺，无苞梗；苞内雄花 1 朵，具短梗；萼片 3，白色或绿色，卵形或倒卵形；花瓣 3，与萼片互生，白色或淡紫色，匙形，通常较萼片狭而长；雄蕊 3，与花瓣互生，无退化雄蕊；雌佛焰苞管状，先端 2 裂；苞内雌花 1 朵，无梗；萼片、花瓣均与雄花花被相似，但较狭，开放时花伸出水面；花柱 3，稀为 2，圆柱形，表面有流苏状乳突；子房下位，1 室，圆柱形或狭圆锥形；侧膜胎座，胚珠少数，倒生。果实圆柱形或线形，平滑或具凸起。种子 2 ～ 6 粒，矩圆形。

本属仅 1 种，1 变种，广布于温带、亚热带和热带。我国均产，普遍分布于华北、华东、华南、西南各省区。

二十三、狐尾藻属 _Myriophyllum L._

被子植物门，双子叶植物纲，桃金娘目，小二仙草科。

水生或半湿生草本；根系发达，在水底泥中蔓生。叶互生，轮生，无柄或近无柄，线形至卵形，全缘，有锯齿、多篦齿状分裂。花水上生，很小，无柄，单生叶腋或轮生，或少有成穗状花序；苞片 2，全缘或分裂。花单性同株或两性，稀雌雄异株。雄花具短萼筒：先端 2 ～ 4 裂或全缘；花瓣 2 ～ 4，早落；退化雌蕊存在或缺；雄蕊 2 ～ 8，分离，花丝丝状；花药线状长圆形，基着生，纵裂。雌花：萼筒与子房合生，具 4 深槽，萼裂 4 或不裂；花瓣小，早落或缺；退化雄蕊存在或缺；子房下位，4 室，稀 2 室，每室具 1 倒生胚珠；花柱 4（2）裂，通常弯曲；柱头羽毛状。果实成熟后分裂成 4 (2) 小坚果状的果瓣，果皮光滑或有瘤状物，每小坚果状的果瓣具 1 种子。种子圆柱形，种皮膜质，胚具胚乳。

本属约 45 种，广布于全世界。我国约 5 种 1 变种，产南北各省区。

1. 雌雄异株，茎不分枝；水中叶常 3 ～ 4 片轮生，水上叶常不裂，细线状；雄蕊 8；果表面具细疣……………………………………………… **乌苏里狐尾藻 *M. propinquum A. Cunn.***

1. 雌雄同株，茎常分枝；叶常有水上和水中叶之分，常呈 5 片轮生、互生或假轮生；雄蕊 8 或 4；果皮表面平滑。

  2. 花常生于茎顶端或叶腋中，呈穗状花序；雌花不具花瓣；苞片全缘或有齿；雄蕊 8 ………………………………………………………………… **穗状狐尾藻 *M. spicatum L.***

  2. 花生于叶腋中；雌花有小的花瓣；苞片全缘或分裂；雄蕊 8 或 4。

    3. 苞片篦齿状分裂；叶 4 片轮生；雄蕊 8 …………… **狐尾藻 *M. verticillatum L.***

    3. 苞片掌状分裂或全缘；叶 5 片轮生或互生；雄蕊 4。

      4. 苞片掌状分裂；叶常 5 片轮生 ………… **四蕊狐尾藻 *M. tetrandrum Roxb.***

      4. 苞片全缘；叶互生或假轮生 ……………… **矮狐尾藻 *M. humile Morong.***

二十四、金鱼藻属 *Ceratophyllum L.*

被子植物门，双子叶植物纲，毛茛目，金鱼藻科。

多年生沉水草本；无根；茎漂浮，有分枝。叶 4 ～ 12 轮生，硬且脆，1 ～ 4 次二叉状分歧，条形，边缘一侧有锯齿或微齿，先端有 2 刚毛；无托叶。花单性，雌雄同株，微小，单生叶腋，雌雄花异节着生，近无梗；总苞有 8 ～ 12 苞片，先端有带色毛；无花被；雄花有 10 ～ 20 雄蕊，花丝极短，花药外向，纵裂，药隔延长成着色的粗大附属物，先端有 2 ～ 3 齿；雌蕊有 1 心皮，柱头侧生，子房 1 室，有 1 个悬垂直生胚珠，具单层珠被。坚果革质，卵形或椭圆形，平滑或有疣点，边缘有或无翅，先端有长刺状宿存花柱，基部有 2 刺，有时上部还有 2 刺；种子 1 个，具单层种皮，胚乳极少或全无。

仅 1 属，即金鱼藻属 *Ceratophyllum L*。

特征同科。

全世界约 7 种，广泛分布，我国产 5 种。

1. 叶 1 ～ 2 次二叉状分歧。

  2. 果实有 3 刺：顶生 1 个，基部以上 2 个（广泛分布）………………………**金鱼藻**

  2. 果实有 5 刺：顶生 1 个，近先端 1/3 处有 2 短刺，基部附近有 2 长刺（黑龙江、辽宁、湖北、台湾）………………………………………………………………………**五刺金鱼藻**

1. 叶 3 ～ 4 次二叉状分歧。

  3. 叶的一回及二回裂片条形，宽约 1 mm，末回裂片丝状；坚果有 3 刺，边缘有窄翅，表面具少数疣状突起（湖北）……………………**宽叶金鱼藻 *C. inflatum Jao.***

  3. 叶的裂片丝状或细丝状，宽 0.2 ～ 0.4 mm。

    4. 坚果边缘有翅，具 3 刺：顶生 1 个，基部以上 2 个（黑龙江、吉林、辽宁、内蒙古）……………………**东北金鱼藻 *C. manschuricum (Miki) Kitag.***

    4. 坚果边缘无翅，具 1 极短刺（福建、台湾、云南）……………**细金鱼藻 *C. submersum L.***

二十五、狸藻属 *Utricularia L.*

被子植物门，双子叶植物纲，管状花目，狸藻科。

一年生或多年生草本。水生、沼生或附生。无真正的根和叶。茎枝变态成匍匐枝、假根和叶器。叶器基生呈莲座状或互生于匍匐枝上，全缘或一至多回深裂，末回裂片线形至毛发状。捕虫囊生于叶器、匍匐枝及假根上，卵球形或球形，多少侧扁。花序总状；有时简化为单花，具苞片，小苞片存在时成对着生于苞片内侧；花序梗直立或缠绕，具或不具鳞片。花萼 2 深裂，裂片相等或不相等，宿存并多少增大。花冠二唇形，黄色、紫色或白色，稀蓝色或红色；上唇全缘或 2 ～ 3 浅裂，下唇全缘或 2 ～ 6 浅裂，喉凸常隆起呈浅囊状，喉部多少闭合；距囊伏、圆锥状、圆柱状或钻形。雄蕊 2，生于花冠下方内面的基部；花丝短，线形或狭线形，常内弯，基部多少合生，上部常膨大；花药极叉开，2 药室多少汇合。子房球形或卵球形，胚珠多数；花柱通常极短；柱头二唇形，下唇通常较大。蒴果球形、长球形或卵球形，仅前方室背开裂（1 侧裂）或前方和后方室背开裂（2 瓣裂）、室背连同室间开裂（4 瓣裂）、周裂或不规则开裂。种子通常多数，稀少数或单生，球形、卵球形、椭圆球形、长球形、圆柱形、狭长圆形、盘状或双凸镜伏，具网状、棘状或疣状突起，有时具翅，稀具倒钩毛或扁平糙毛。

约 180 种，主产于中、南美洲，非洲，亚洲和澳大利亚热带地区，少数种分布于北温带地区。我国有 17 种，主产于长江以南各省区，少数种分布于长江以北地区。怒江挖耳草（*Utricularia salwinensis*）为我国特有种。

1. 水生；叶器一至数回分裂，末回裂片狭线形至毛发状，顶端及边缘常具细刚毛，于花期宿存；无小苞片。

  11. 鳞片（仅黄花狸藻无鳞片）和苞片基部着生；花冠黄色。

    12. 苞片基部耳状（仅黄花狸藻例外）；花冠长 8 ～ 18 mm；蒴果周裂；种子压扁呈盘伏，具 5 ～ 6 角，角上无翅或具极狭的棱翅。

      13. 叶器长 2 ～ 15 mm，末回裂片狭线形至线形，扁平；花冠长 8 ～ 13 mm。

        15. 匍匐枝及其分枝的顶端于秋季产生冬芽；花序梗具 1 ～ 4 个鳞片；鳞片和苞片基部耳伏；种皮表面具网状突起。

16. 匍匐枝的节间长 3 ～ 12 mm；花冠下唇边缘反曲，距仅在远轴的内面散生腺毛·····························**狸藻 *U. vulgaris L.***

15. 无冬芽；花序梗无鳞片；苞片基部非耳状；种皮表面具不明显的细网状突起·····························**黄花狸藻 *U. aurea Lour.***

二十六、眼子菜属 *Potamogeton Linn.*

被子植物门，单子叶植物纲，沼生目，眼子菜亚目，眼子菜科。

多年生或一年生水生草本。常具横走根茎，稀根茎极短或无根茎。茎圆柱形、椭圆柱形或极扁。叶互生，有时在花序下面近对生，单型或两型，漂浮水面或沉没水中，具柄或无柄；叶片卵形、披针形、椭圆形、矩圆形、条形或线形；叶脉因叶型和叶形的不同而为 3 至多数，相互平行，并于叶片顶端相汇合；托叶鞘多为膜质，稀草质，无色或淡绿色，与叶片离生或贴生于叶片基部而形成叶鞘，边缘叠压而抱茎，稀合生成套管状。穗状花序顶生或腋生，花期伸出水面或否，具花 2 至多轮，每轮 3 花，或 2 花交互对生；花序梗圆柱形或稍扁，与茎等粗或向上逐渐膨大而呈棒状；花两性，无梗或近无梗，风媒或水表传粉；花被片 4，排列成一轮，淡绿色至绿色，或有时外面稍带红褐色，通常基部具爪，先端钝圆或微凹；雄蕊 4，与花被片对生，几无花丝；花药长圆形，药室背面纵裂；花粉粒球形或长圆球形，无萌发孔，表面饰有网状雕纹；雌蕊 1 ～ 4，离生，稀于基部合生；子房 1 室，花柱缩短，柱头膨大，头状或盾形；胚珠 1，腹面侧生。果实核果状，具直生或斜伸的短喙；外果皮近革质，或松软而略呈海绵质；内果皮骨质，背部具萌发时开裂的盖状物，盖状物中肋常凸起而形成钝或锐的龙骨脊，有时因龙骨脊上具附器而呈钝齿牙或鸡冠状，盖状物与内果皮侧壁相接处常形成显著或不显著的侧棱；胚弯生，钩状或螺旋状，无胚乳。2n=26、28、38、42、52、78、88。

本属约 100 种，分布全球，尤以北半球温带地区分布较多。我国约有 28 种，4 变种，南北各省区均有分布。

1. 叶漂浮水面或沉没水中，具柄或无柄，托叶与叶片离生，稀基部稍合生，但不形成叶鞘；穗状花序花期伸出水面，花为风媒传粉；内果皮背部盖状物自基部直达顶部·····**眼子菜亚属 *Subgen. Potamogeton.***

　2. 叶单型，全为沉水叶。

　　3. 叶线形，宽 1 ～ 3 mm，无柄。

　　　4. 茎圆柱形或近圆柱形；雌蕊 4；果实斜倒卵形至倒卵形，中脊钝圆或锐，但不呈波状。

　　　　5. 叶宽 2 ～ 3 mm，基部与托叶鞘合生，边缘具细微的齿·········**微齿眼子菜 *P. maackianus A. Benn.***

5．叶宽 1～3 mm，基部完全与托叶离生，全缘。

6．叶宽约 1 mm，托叶边缘合生，呈套管状抱茎；休眠芽腋生：呈纺锤状；果实长 1.5～2 mm ·· **小眼子菜 *P. pusillus Linn.***

6．叶宽 2～3 mm，托叶不合生为套管状，两侧边缘叠压而抱茎；休眠芽侧生，呈短枝状，多叶；果实长 3～3.5 m。

3．叶非线形，宽通常在 5 mm 以上，无柄、近无柄至具短柄或长柄。

9．有明显特化的休眠芽；果实基部连合，顶端具长达 1～2 mm 的喙，背脊约 1/2 以下具齿 ····································· **菹草 *P. crispus Linn.***

9．无特化休眠芽；果实完全离生，喙长不超过 0.5 mm，背脊平滑无齿。

10．叶无柄，基部心形或近心形，呈耳状抱茎。

11．叶卵状披针形至宽卵形或近圆形，边缘具极细微的齿 ·············· **穿叶眼子菜 *P. perfoliatus Linn.***

10．叶无柄至具短柄，或具长柄，基部楔形或近楔形，不呈耳状抱茎。

12．叶条形至长椭圆形，具长柄 ············· **竹叶眼子菜 *P. malaianus Miq.***

12．叶披针形至椭圆状披针形，无柄、近无柄或具短柄。

13．叶长椭圆形至卵状椭圆形，宽 1～3.5 cm，先端尖锐或具芒状尖头；无柄、近无柄至具短柄；果实长 3 mm，背脊稍锐 ············· **光叶眼子菜 *P. lucens Linn.***

1．叶全部为沉水叶，无柄，托叶与叶片基部贴生，形成明显的叶鞘；穗状花序花期漂浮于水面；花为水表传粉；内果皮背部盖状物较短小，仅自基部向上约达果长的 2/3 处 ····························· **鞘叶亚属 *Subgen. Coleogeton (Reichb.) Raunk.***

24．叶鞘边缘离生，仅相互叠压而抱茎。

28．叶先端锐尖或急尖；果喙多少伸长而外弯。

29．植株稀可达 2 m，多数仅 10～70 cm；茎粗仅约 1 mm；根茎圆柱形。

30．植株多上部分枝，根茎较长；雄蕊基部分离，等长。

31．叶宽仅 0.2～1 mm，先端无小尖头 ············· **篦齿眼子菜（原变种）*P. pectinatus Linn. var. pectinatus.***

二十七、茨藻属 *Najas Linn.*

被子植物门，单子叶植物纲，沼生目，茨藻科。

一年生沉水草本。下部茎节生须根，扎根于水底基质。茎细长，柔软，分枝多，光滑或具刺；维管组织高度退化，所有器官中均无导管。叶近对生或假轮生，无柄；叶片细线形、线形至线状披针形，无气孔，具 1 中脉，叶缘具锯齿或全缘，叶基扩展成鞘，鞘内常具一对细小的鳞片，无叶舌，常具叶耳。花单性，雌雄同株或异株；单生或簇生于叶腋，或自分枝基部长出，无柄；雄花具 1 长颈瓶状佛焰苞（草茨藻例外，无此结构），花被膜质，呈短颈瓶状，先端 2 裂，雄蕊 1 枚，花药 1 室或 4 室，纵裂或不规则开裂；花粉粒圆球形或椭圆形，三胞，具远极单槽，外壁 2 层；雌花裸露，无花被和佛焰苞，少数种具 1 多少与子房粘连的佛焰苞，雌蕊 1 枚，花柱短，柱头 2 ～ 4 枚，子房 1 室，具 1 倒生、底着、直立的胚珠。果为瘦果，具 1 层膜质果皮，常为膜质的叶鞘所包围。种子长圆形或卵形，种皮的表皮细胞形状各异；胚直立而具 1 斜出的顶生子叶和侧生胚芽。$x=6$。

本属 40 ～ 50 种，分布于温带、亚热带和热带地区。我国有 9 种 3 变种；生于淡水或咸水的稻田、静水池沼或湖泊中。

1. 雌雄异株；外种皮细胞排列不规则（**茨藻亚属 Subgen. Najas**）。

　2. 茎节间具刺；叶背面沿脉具刺。

　　3. 节间具刺；叶缘具 4 ～ 10 枚粗锯齿……**大茨藻（原变种）N. marina Linn. var. marina.**

　　3. 仅节部之下具 1 ～ 2 刺，其余部分无刺；叶缘具 2 枚或 4 枚锯齿 …………**粗齿大茨藻 N. marina L. var. grossedentata Rendle.**

　2. 植株除顶端外，茎节间无刺；叶背面无刺…………**短果茨藻 N. marina Linn. var. brachycarpa Trautv.**

1. 雌雄同株；外种皮细胞排成纵列 [**茎生亚属 Subgen. Caulinia (Willd.) Asch.**]。

　　4. 花药 1 室。

　　　5. 瘦果狭长椭圆形，顶端渐窄，稍弯曲；外种皮细胞呈纺锤形，横向远长于轴向，呈梯状排列…………………………………………………………**小茨藻 N. minor All.**

　　　5. 瘦果长椭圆形，常不弯曲；外种皮细胞长方形或多边形，轴向长于横向，或几相等。

　　　　6. 叶多为 5 叶假轮生；叶耳截圆形或倒心形 **纤细茨藻 N. gracillima (A. Br.) Magnus.**

　　　　6. 叶为 3 叶假轮生；叶耳短三角形…………**高雄茨藻 N. browniana Rendle.**

　　4. 花药 4 室，稀 2 室。

　　　　7. 雄花具瓶形佛焰苞；叶耳截圆形或倒心形。

　　　　　8. 瘦果呈新月形…………**弯果茨藻 N. ancistrocarpa A. Br. ex Magnus.**

　　　　　8. 瘦果呈长椭圆形。

　　　　　　9. 外种皮细胞六边形，横向远大于轴向，排列呈梯状……**澳古茨藻 N. oguraensis Miki.**

　　　　　　9. 外种皮细胞四边形或稍不规则。

　　　　　　10. 叶耳截圆形；外种皮细胞排列整齐，细胞壁凸起 ⋯⋯**东方茨藻**
N. orientalis Triest et Uotila.

　　　　　　10. 叶耳倒心形；外种皮细胞壁上无凸起 ⋯⋯⋯⋯⋯⋯**多孔茨藻**
N. foveolata A. Br. ex Magnus.

　　　7. 雄花无佛焰苞；叶耳长三角形或披针形。

　　　　　　　11. 瘦果长椭圆形，不弯曲；外种皮细胞六边形至多边形⋯⋯⋯
草茨藻（原变种） *N. graminea Del. var. graminea.*

　　　　　　　11. 瘦果顶端弯曲⋯⋯⋯⋯⋯⋯ **弯果草茨藻** *N. graminea Del. var. recurvata J. B. He et al.*

二十八、凤眼蓝属 *Eichhornia Kunth.*

被子植物门，单子叶植物纲，粉状胚乳目，雨久花科。

一年生或多年生浮水草本，节上生根。叶基生，莲座状或互生；叶片宽卵状菱形或线状披针形，通常具长柄；叶柄常膨大，基部具鞘。花序顶生，由 2 至多朵花组成穗状；花两侧对称或近辐射对称；花被漏斗状，中、下部连合成或长或短的花被筒，裂片 6 个，淡紫蓝色，有的裂片常具 1 黄色斑点，花后凋存；雄蕊 6 枚，着生于花被筒上，常 3 长 3 短，长者伸出筒外，短的藏于筒内；花丝丝状或基部扩大，常有毛；花药长圆形；子房无柄，3 室，胚珠多数；花柱线形，弯曲；柱头稍扩大或 3 ~ 6 浅裂。蒴果卵形、长圆形至线形，包藏于凋存的花被筒内，室背开裂；果皮膜质。种子多数，卵形，有棱。

本属约 7 种，分布于美洲和非洲的热带和暖温带地区。通常生长于池塘、河川或沟渠中。我国有 1 种。

凤眼蓝 *Eichhornia crassipes (Mart.) Solme*

二十九、大藻属 *Pistia L.*

单子叶植物纲，天南星目，天南星科。

水生草本，飘浮。茎上节间十分短缩。叶螺旋状排列，淡绿色，二面密被含少数细胞的细毛；初为圆形或倒卵形，略具柄，后为倒卵状楔形、倒卵状长圆形或近线状长圆形；叶脉 7 ~ 13（15），纵向，背面强度隆起，近平行；叶鞘托叶状，几从叶的基部与叶分离，极薄，干膜质。芽由叶基背面的旁侧萌发，最初出现干膜质的细小帽状鳞叶，然后伸长为葡匐茎，最后形成新株分离。花序具极短的柄。佛焰苞极小，叶状，白色，内面光滑，外面被毛，中部两侧狭缩，管部卵圆形，边缘合生至中部；檐部卵形，锐尖，近兜状，不等侧地展开。肉穗花序短于佛焰苞，但远远超出管部，背面与佛焰苞合生长达 2/3，花单性同序；下部雌花序具单花；上部雄花序有花 2 ～ 8，无附属器，雄花排列为轮状，花序轴超出轮状雄花序或否，雄花序之下有一扩大的绿色盘状物（由不育合生雄花所组成的轮状花序演化而来），盘下具易于脱落的绿色小鳞片（不育花）。花无花被，雄花有雄蕊 2，轮生，雄蕊极短，彼此完全合生成柱；雄蕊柱基部宽，无柄，长卵圆形，顶部稍扁平，花药 2 室，对生，纵裂。雌花单一，子房卵圆形，斜生于肉穗花序轴上，1 室，胚珠多数，直生，无柄，4 ～ 6 列密集于与肉穗花序轴平行的胎座上。浆果小，卵圆形，种子多数或少数，不规则地断落。种子无柄，圆柱形，基部略狭，先端近截平，中央内凹，外珠被厚，向珠孔大大增厚，形成盖住整个珠孔的外盖，内珠被薄，向上扩大而形成填充珠孔的内盖。胚乳丰富，胚小，倒卵圆形，上部具茎基。

1 种。广泛分布于热带和亚热带。

大藻 *Pistia stratiotes L.*

三十、满江红属 *Azolla Lam.*

蕨类植物门，蕨纲，槐叶苹目，满江红科。

通常为小型漂浮水生蕨类。根状茎细弱，有明显直立或呈"之"字形的主干，易折断，绿色，有原始管状中柱，侧枝腋生或腋外生，呈羽状分枝，或假二歧分枝，通常横卧漂浮于水面，在水浅时或植株生长密集的情况下，呈莲座状生长，茎则挺立向上，可高出水面 3 ～ 5 cm。叶无柄，成两列互生于茎上，覆瓦状排列，每个叶片深裂而分为背腹两部分，在上面的裂片称背裂片，浮在水面上，长圆形或卵状，中部略内凹，上面密被瘤状突起，绿色，肉质，基部肥厚，下表面隆起，形成空腔，叫共生腔，腔内寄生着能固氮的鱼腥藻；腹裂片近似贝壳状，膜质，覆瓦状紧密排列，透明，无色，或近基部处呈粉红色，略增厚，沉于水下，主要起浮载作用，若植物体处于直立生长状态，则腹裂片向背裂片形态转化，具有和背裂片同样的光合作用功能，叶片内的花青素会由于外界温度的影响，会由绿色变为红色或黄色。孢子果有大小两种，多为双生，少为 4 个簇生于茎的下面分枝处；大孢子果体积远比小孢子果小，位于小孢子果下面，幼小时被孢子叶所包被，长圆锥形，外面被果壁包裹着，内藏一个大孢子，顶部有帽状物覆盖，成熟时帽脱落，露出被一圈纤毛围着的漏斗状开口，精子经由开口进入受精，漏斗状开口下面的孢子囊体上，围着 3 ～ 9 个无色海绵状所谓浮膘的附属物，浮载着整个孢子囊体漂浮水上等待受精，以及受精后孢子体幼苗阶段的发育；小孢子果体积是大孢子果的 4 ～ 6 倍，呈球形或桃状，顶部有喙状突起，外壁薄而透明，内含多数小孢子囊，小孢子囊球形，有长柄，每个小孢子囊内有 64 个小孢子，分别着生在 5 ～ 8 个无色透明的泡胶块上，泡胶块表面因种类不同而有各种形状的附属物，这些附属物帮助泡胶块固定于大孢子囊体上，便于精子进入大孢子囊进行受精；大小孢子均为圆形，三裂缝。

仅有下列 1 属。

属的特征同科。染色体基数 $x=22$。

本属可划分为下面 2 个亚属。

1. 大孢子囊外面有 9 个浮膘，泡胶块上仅有少数单一或不规则分枝的丝状毛，侧枝明显腋生，其数目与茎叶的相等 ……………………… **满江红 *A. imbricata (Roxb.) Nakai.***

1. 大孢子囊外面有 3 个浮膘，泡胶块上有锚状毛，侧枝腋外生，其数目比茎叶片数目少………………………………………………………… **细叶满江红 *A. filiculoides Lam.***

三十一、槐叶苹属 *Salvinia Adans.*

蕨类植物门，蕨纲，槐叶苹目，槐叶苹科。

小型漂浮蕨类。根状茎细长横走，被毛，无根，有原生中柱。无柄或具极短的柄；叶三片轮生，排成三列，其中二列漂浮水面，为正常的叶片，长圆形，绿色，全缘，被毛，上面密布乳头状突起，中脉略显；另一列叶特化为细裂的须根状，悬垂水中，称沉水叶，起着根的作用，故又叫假根。孢子果簇生于沉水叶的基部，或沿沉水叶成对着生；孢子果有大小两种，大孢子果体形较小，内生 8 ～ 10 个有短柄的大孢子囊，每个大孢子囊内只有一个大孢子；小孢子果体形大，内生多数有长柄的小孢子囊，每个小孢子囊内有 64 个小孢子，大孢子囊花瓶状，瓶颈向内收缩，三裂缝位于瓶口，不具周壁，外壁表面形成很浅的小凹洼；小孢子球形，三裂缝较细，裂缝处外壁常内凹，形成三角状，不具周壁，外壁较薄，表面光滑。

仅 1 属，分布各大洲，但以美洲和非洲热带地区为主。

属的特征同科。染色体基数 $x=9$。

约 10 种，广布各大洲，其中以美洲和非洲热带地区为主。中国只有下列 1 种。

槐叶苹 *Salvinia natans (L.) All.*

三十二、浮萍属 *Lemna L.*

被子植物门，单子叶植物纲，天南星目，浮萍科。

飘浮或悬浮水生草本。叶状体扁平，2 面绿色，具 1 ～ 5 脉；根 1 条，无维管束。叶状体基部两侧具囊，囊内生营养芽和花芽。营养芽萌发后，新的叶状体通常脱离母体，也有数代不脱离的。花单性，雌雄同株，佛焰苞膜质，每花序有雄花 2，雌花 1，雄蕊花丝细，花药 2 室，子房 1 室，胚珠 1 ～ 6，直立或弯生。果实卵形，种子 1，具肋突。

约 15 种。广布于南北半球温带地区。我国南北有 2 种。

1. 浮悬植物；叶状体具细长的柄，常数代连在一起，椭圆形或倒披针形，长 8 ～ 10 mm，

宽 2 ～ 3 mm ………………………………………………… **品藻 _L. trisulca L._**

1. 飘浮植物；叶状体无柄。

  2. 叶状体对称，倒卵形、倒卵状椭圆形；胚珠弯生 ……………… **浮萍 _L. minor L._**

  2. 叶状体不对称，斜倒卵形或斜倒卵状长圆形；胚珠直立 …………… **稀脉浮萍 _L. perpusilla Torr._**

三十三、睡莲属 _Nymphaea L._

被子植物门，双子叶植物纲，毛茛目，睡莲科。

多年生水生草本；根状茎肥厚。叶二型：浮水叶圆形或卵形，基部具弯缺，心形或箭形，常无出水叶；沉水叶薄膜质，脆弱。花大形、美丽，浮在或高出水面；萼片 4，近离生；花瓣白色、蓝色、黄色或粉红色，12 ～ 32，成多轮，有时内轮渐变成雄蕊；药隔有或无附属物；心皮环状，贴生且半沉没在肉质杯状花托，且在下部与其部分愈合，上部延伸成花柱，柱头成凹入柱头盘，胚珠倒生，垂生在子房内壁。浆果海绵质，不规则开裂，在水面下成熟；种子坚硬，为胶质物包裹，有肉质杯状假种皮，胚小，有少量内胚乳及丰富外胚乳。

约 35 种，广泛分布在温带及热带；我国产 5 种。

1. 叶全缘或具波状钝齿，两面无毛。

  2. 叶近圆形或椭圆状卵形。

   3. 花瓣白色；萼片脱落或花期后腐烂；叶近圆形，直径 10 ～ 25 cm。

    4. 内轮雄蕊花丝丝状；柱头具 14 ～ 20 辐射线，扁平；萼片披针形；花瓣 20 ～ 25；根状茎匍匐；叶的基部裂片近平行或开展（河北、山东、陕西、浙江、西藏）………………………………………………… **白睡莲 _N. alba L._**

    4. 内轮雄蕊花丝披针形；柱头具 6 ～ 14 辐射线，深凹；萼片矩圆状卵形；花瓣 15 ～ 18；根状茎直立或斜升；叶的基部裂片邻接或重叠（新疆）………**雪白睡莲 _N. candida C. Presl._**

   3. 花瓣白色带青紫、鲜蓝色或紫红色；萼片宿存；叶圆形或椭圆状圆形，长 7 ～ 13cm（湖北及广东海南岛）………………………………… **延药睡莲 _Nymphaea stellata Willd._**

  2. 叶心状卵形或卵状椭圆形；花瓣白色；萼片宿存（广泛分布）…………… **睡莲 _N. tetragona Georgi._**

1. 叶边缘有不等三角状锐齿，下面密生柔毛、微柔毛或近无毛；花瓣白色、红色或粉红色（云南、台湾）…………… **柔毛齿叶睡莲 _N. lotus var. pubescens (Willd.) HK. F. et Thoms._**

三十四、芡属 *Salisb. ex DC.*

被子植物门，双子叶植物纲，毛茛目，睡莲科。

一年生草本，多刺；根状茎粗壮；茎不明显。叶二型：初生叶为沉水叶，次生叶为浮水叶。萼片 4，宿存，生在花托边缘，萼筒和花托基部愈合；花瓣比萼片小；花丝条形，花药矩圆形，药隔先端截状；心皮 8，8 室，子房下位，柱头盘凹入，边缘和萼筒愈合，每室有少数胚珠。浆果革质，球形，不整齐开裂，顶端有直立宿存萼片；种子 20～100，有浆质假种皮及黑色厚种皮，具粉质胚乳。

本属仅 1 种，产中国、苏联、朝鲜、日本及印度。

芡实 *Euryale ferox Salisb. ex DC.*

三十五、苹属 *Marsilea L.*

蕨类植物门，蕨纲，苹目，苹科。

浅水生蕨类。根状茎细长横走，有腹背之分，分节，节上生根，向上长出单生或簇生的叶。不育叶近生或远生，沉水时叶柄细长柔弱，湿生时柄短而坚挺；叶片十字形，由 4 片倒三角形的小叶组成，着生于叶柄顶端，漂浮水面或挺立。叶脉明显，从小叶基部呈放射状二叉分枝，向叶边组成狭长网眼。孢子果圆形或椭圆状肾形，外壁坚硬，开裂时呈两瓣，果瓣有平行脉；孢子囊线形或椭圆状圆柱形，紧密排列成 2 行，着生于孢子果内壁胶质的囊群托上，囊群托的末端附着于孢子果内壁上，成熟时孢子果开裂，每个孢子囊群内有少数大孢子囊和多数小孢子囊，每个大孢子囊内只含一个大孢子，每个小孢子囊内含有多数小孢子。孢子囊均无环带。大孢子卵圆形，周壁有较密的细柱，形成不规则的网状纹饰；小孢子近球形，具明显的周壁。染色体基数 $x=10$。

约 70 种，遍布世界各地，尤以大洋洲及南部非洲为最多。中国有 3 种。

1. 孢子果通常成对着生于略靠近叶柄基部稍上处，小羽片前缘无波状圆齿…………**苹 *M. quadrifolia L.***

1. 孢子果通常簇生于叶柄着生处的根状茎节上，单生，小羽片上缘有时具波状圆齿。

　2. 孢子果呈椭圆形，两侧面隆起，果壁褐色，木质化，坚硬，小羽片上缘通常具波状圆齿…………………………………………**南国田字草 *M. crenata C. Presl.***

　2. 孢子果近方形，两侧面略内凹，果壁黄色，软革质，小羽片上缘平滑　**埃及苹 *M. aegyptica Wild.***

三十六、菱属 *Trapa L.*

被子植物门，双子叶植物纲，桃金娘目，菱科。

一年生浮水或半挺水草本。根二型：着泥根细长，黑色，呈铁丝状，生水底泥中；同化根（photosynthetic roots）由托叶边缘演生而来，生于沉水叶叶痕两侧，对生或轮生状，呈羽状丝裂，淡绿褐色，不脱落，是具有同化和吸收作用的不定根。茎常细长柔软，分枝，出水后节间缩短。叶二型：沉水叶互生，仅见于幼苗或幼株上，叶片小，宽圆形，边缘有锯齿，叶柄半圆柱状、肉质、早落；浮水叶互生或轮生状，先后发出多数绿叶集聚于茎的顶部，呈旋叠莲座状镶嵌排列，形成菱盘，叶片菱状圆形，边缘中上部具凹圆形或不整齐的缺刻状锯齿，边缘中下部宽楔形或半圆形，全缘；叶柄上部膨大成海绵质气囊；托叶2枚，生沉水叶或浮水叶的叶腋，卵形或卵状披针形，膜质，早落，着生在水下的常演生出羽状丝裂的同化根。花小，两性，单生于叶腋，由下向上顺序发生，水面开花，具短柄；花萼宿存或早落，与子房基部合生，裂片4，排成2轮，其中1片、2片、3片或4片膨大形成刺角，或部分或全部退化；花瓣4，排成1轮，在芽内呈覆瓦状排列，白色或带淡紫色，着生在上部花盘的边缘；花盘常呈鸡冠状分裂或全缘；雄蕊4，排成2轮，与花瓣交互对生；花丝纤细，花药背着，呈丁字形着生，内向；雌蕊，基部膨大为子房，花柱细，柱头头状，子房半下位或稍呈周位，2室，每室胚珠1颗，生于室内之上部，下垂，仅1胚珠发育。果实为坚果状，革质或木质，在水中成熟，有刺状角1个、2个、3个或4个，稀无角，不开裂，果的顶端具1果喙；胚芽、胚根和胚茎三者共形成一个锥状体，藏于果颈和果喙内的空腔中，胚根向上，位于胚芽之一侧而较胚芽为小，萌发时由果喙伸出果外，果实表面有时由花萼、花瓣、雄蕊退化残存而成各形结节物和形成刺角。种子1颗，子叶2片，通常1大1小，其间有一细小子叶柄相连接，较大一片萌发后仍保留在果实内，另一片极小，鳞片状，位于胚芽和胚根之间，随胚茎伸长而伸出果外，有时亦有2片等大的子叶，萌发后，均留在果内；胚乳不存在。开花在水面之上，果实成熟后掉落水底；子叶肥大，充满果腔，内富含淀粉。

本科仅有1属，约30种和变种，分布于欧亚及非洲热带、亚热带和温带地区，北美和澳大利亚有引种栽培。我国有15种和11变种，产于全国各地，以长江流域亚热带地区分布与栽培最多。

属的特征、种数、分布等与科同。

全国各地的湖泊、河湾、积水沼泽、池塘等静水淡水水域中多有分布或引种栽培。

1. 花萼宿存或少数脱落；果三角形、菱形、弓形、或近锚状，多数有刺角。

　2. 果锚状三角形，具4刺角，少数种类二腰角略有变化。

　　3. 果冠发达，或不明显。

　　　4. 果高1.5～2 cm（果喙除外），刺角较粗短，二肩角间端宽4.5～6 cm，果喙发达，果冠特大，周围洼陷不明显，肩部明显突起 ………………… **欧菱 *Trapa natans*.**

3．果冠不明显。

    7．刺角间无瘤状物，果高 1 ～ 2 cm（果喙除外），萼脊被短毛、少毛或无毛。

      8．二肩角尖锐细长，斜上伸，二腰角斜下伸；果较小，高 1 ～ 2 cm。

        9．果高 1 ～ 2 cm，刺角细锥状。

          11．表面平滑；花盘全缘；叶基部近圆截形；边缘浅圆齿；萼筒密被短毛；萼沿脊被毛 ……………………………………**细果野菱 *T. maximowiczii Korsh.***

三十七、水鳖属 *Hydrocharis Linn.*

被子植物门，单子叶植物纲，沼生目，花蔺亚目，水鳖科。

浮水草本。匍匐茎横走，先端有芽。叶漂浮或沉水，稀挺水；叶片卵形、圆形或肾形，先端圆或急尖，基部心形或肾形，全缘，有的种在远轴面中部具有广卵形的垫状贮气组织；叶脉弧形，5 或 5 条以上；具叶柄和托叶。花单性，雌雄同株；雄花序具梗，佛焰苞 2 枚，内含雄花数朵；萼片 3，花瓣 3，白色；雄蕊 6 ～ 12 枚，花药 2 室，纵裂；雌佛焰苞内生花 1 朵；萼片 3，花瓣 3，白色，较大；子房椭圆形，不完全 6 室，花柱 6，柱头扁平，2 裂。果实椭圆形至圆形，有 6 肋，在顶端呈不规则开裂。种子多数，椭圆形。

本属 3 种，均属地区隔离种。*H. morsus-range Linn.* 产西欧、小亚细亚、北美；*H.chevalieri (de Wideman) Dandy* 产非洲中部；*H. dubia (Bl.) Backer* 产亚洲、大洋洲。我国产 1 种。

水鳖 *Hydrocharis dubia (Bl.) Backer.*

三十八、莕菜属 *Nymphoides Seguier.*

多年生水生草本，具根茎。茎伸长，分枝或否，节上有时生根。叶基生或茎生，互生，稀对生，叶片浮于水面。花簇生节上，5 数；花萼深裂近基部，萼筒短；花冠常深裂近基部呈辐状，稀浅裂呈钟形，冠筒通常甚短，喉部具 5 束长柔毛，裂片在蕾中呈镊合状排列，边缘全缘或具睫毛或在一些种中，边缘宽膜质、透明（或称翅），具细条裂齿；雄蕊着生于冠筒上，与裂片互生，花药卵形或箭形；子房一室，胚珠少至多数，花柱短于或长于子房，柱头 2 裂，裂片半圆形或三角形，边缘齿裂或全缘；腺体 5，着生于子房基部。蒴果成熟时不开裂；种子少至多数，表面平滑、粗糙或具短毛。

本属植物的花通常两性，但在雌雄蕊异长的种中，由于花柱与花丝的长度发生了变化，两者不处于同一水平上，因而产生了长花柱的花和短花柱的花。在长花柱的花中，花柱远高于雄蕊，柱头较大，发育正常，而雄蕊的花丝短或近于缺无，花药小，花粉粒也小，趋于退化。但在短花柱的花中，情形正好相反，雄蕊发育，雌蕊退化。因此，花不仅在形态上产生了差异，而且在生殖的功能上也不同了，致使花也近似单性，并由此进一步形成了雌雄异株的种（R. Ornduff，1966）。在我国的种类中，仅有两性或花柱异长的种。

本属植物的繁殖方式除了有性生殖方式外，无性繁殖也较普遍，其主要方式是借珠芽而形成新的个体。珠芽产生在花序上或老叶的边缘，脱离母体之后，漂向远处，沉于水中，经冬眠之后，再形成新株。

约 20 种，广布于全世界的热带和温带。我国有 6 种，大部分省区均产。

1. 茎有分枝；上部叶对生，下部叶互生；花冠金黄色，较大，长 2 ～ 3 cm，直径 2.5 ～ 3 cm，裂片宽倒卵形，顶部常凹陷，边缘宽膜质，透明，有细条裂齿；蒴果椭圆形，长 17 ～ 25 mm；种子大，扁平，椭圆形，长 4 ～ 5 mm，边缘密生睫毛 ⋯⋯⋯⋯⋯⋯**荇菜 *N. peltatum (Gmel.) O. Kuntze.***

1. 茎不分枝，顶生单叶或节上有时簇生 1 ～ 3 叶（或分枝）；花冠小，长 4 ～ 12 mm，直径 5 ～ 15 mm，裂片不具膜质透明的边缘；蒴果球形或椭圆形，长 2 ～ 6 mm；种子小，长 1 ～ 1.5 mm。

  2. 茎节上簇生 2 花；花冠黄色，裂片楔形，先端宽，凹陷，边缘具睫毛；种子表面具细网纹⋯⋯⋯⋯⋯⋯⋯⋯⋯⋯⋯ **水金莲花 *N. aurantiacum (Dalz. ex Hook.) O. Kuntze.***

  2. 茎节上簇生多花；花冠白色，裂片先端全缘。

    3. 叶下面密生腺体，粗糙；花冠内面基部黄色，裂片边缘无睫毛；种子光滑或具突起。

      4. 花冠裂片腹面密生长柔毛，无纵折⋯⋯⋯⋯ **金银莲花 *N. indica (L.) O. Kuntze.***

      4. 花冠裂片腹面无毛，具一隆起的纵折，直达裂片两端⋯⋯ **水皮莲 *N. cristatum (Roxb.) O. Kuntze.***

    3. 叶两面光滑；花冠纯白色，裂片边缘具睫毛。

      5. 花冠浅裂，钟形，裂片极短；种子表面有不规则的短刺 ⋯⋯⋯⋯ **刺种荇菜 *N. hydrophyllum (Lour.) O. Kuntze.***

      5. 花冠深裂，辐状，裂片长；种子仅边缘有细齿或近平滑 ⋯⋯⋯⋯⋯ **小荇菜 *N. coreanum (Levl.) Hara.***

三十九、水毛茛属 *Batrachium S.F.Gray.*

多年生水生草本植物。茎细长，柔弱，沉于水中，常分枝。叶为单叶，沉水叶 2 ～ 6 回 2 ～ 3 细裂成丝形小裂片，浮水叶掌状浅裂。花对叶单生；花梗较粗长，伸出水面开花；萼片 5，草质，通常无毛，脱落；花瓣 5，白色，或下部黄色，少有全部黄色，基部渐窄成爪，蜜槽呈点状凹穴；雄蕊 10 余枚至较多，花药卵形、椭圆形或长圆形，花丝丝形；心皮多数至少数，螺旋状着生于通常有柔毛的花托上。聚合果圆球形；瘦果卵球形，稍两侧扁，果皮较厚，有数条横皱纹，有毛或无毛，喙细，直或弯。

约30种，全世界广布。我国有7种，分布于西南、西北、华北、东北及江苏、安徽、江西等省。

1. 叶片轮廓宽楔形，二型，沉水叶裂片丝形，上部浮水叶2～3回3～5中裂至深裂，裂片较宽，末回裂片短线形，宽0.2～0.6 mm；叶柄长0.5～1.2 cm（北京）……**北京水毛茛** *Batrachium pekinense L. Liou.*

1. 叶片一型，轮廓半圆形、扇形或圆形，2～5回2～3裂末回裂片均为丝形，宽0.1～0.2 mm。

　2. 植株矮小，高3～6 cm；花小，直径6～8 mm，叶2回3裂，小裂片在水外叉开（新疆、黑龙江）……………………**小水毛茛** *Batrachium eradicatum (Laest.) Fries.*

　2. 茎长20 cm以上；花直径1～2 cm。

　　3. 叶柄较长，长2～5 cm，下部有鞘，无毛。

　　　4. 叶片长3～6（-8）cm：全株无毛，花托及瘦果均无毛（新疆、黑龙江、吉林）……………………**长叶水毛茛** *Batrachium kauffmanii (Clerc) Ovcz.*

　　　4. 叶片长1.5～3.5 cm；花托有明显糙毛（新疆）……**歧裂水毛茛** *Batrachium divaricatum (Schrank) Schur.*

　　3. 叶柄短，长0.2～1.8 cm，或只有鞘状部分，有密或疏的短糙毛。

　　　　5. 叶片轮廓圆形，开展，抱茎，直径1～2 cm，显著短于节间；鞘状柄长1～3 mm（黑龙江、内蒙古、新疆、青海）………………………**硬叶水毛茛** *Batrachium foeniculaceum (Gilib.) Krecz.*

　　　　5. 叶片轮廓半圆形或扇形，直径1.5～4 cm，等长或稍短于节间；鞘状柄长2.5～5 mm或有长达1.8 cm的短叶柄。

　　　　　6. 叶的小裂片在水外多少收拢，叶片直径2.5～4 cm，有短柄。

　　　　　　7. 花瓣白色或基部稍带黄色（辽宁、河北、山西、甘肃、青海、四川、云南和西藏）………………**水毛茛** *Batrachium bungei (Steud.) L. Liou.*

　　　　　　7. 花瓣黄色（西藏、四川、甘肃）………**黄花水毛茛** *Batrachium bungei var. flavidum (Hand.-Mazz.) L.Liou.*

　　　　　6. 叶的小裂片在水外开展，叶片直径1～2 cm，鞘状柄长约2.5 mm。

　　　　　　8. 茎和叶片无毛（黑龙江）………………**毛柄水毛茛** *Batrachium trichophyllum (Chaix) Bossche.*

　　　　　　8. 茎、叶片均有开展的短毛（四川红原）………**多毛水毛茛** *Batrachium trichophyllum var. hirtellum L.Liou.*

参 考 文 献

［1］ 李其军，刘培斌. 官厅水库流域水生态环境综合治理关键技术研究与示范［M］. 北京：中国水利水电出版社，2009.

［2］ 武汉植物研究所. 中国水生维管束植物图谱［M］. 武汉：湖北人民出版社，1983.

［3］ 肖艳. 园林绿化湿地水生植物［M］. 广州：广州科技出版社，2017.

［4］ 李尚志. 现代水生花卉［M］. 广州：广州科技出版社，2003.

［5］ 《中国植物志》编辑委员会. 中国植物志［M］. 北京：科学出版社，1959-2004.

［6］ 吴振斌，等. 水生植物与水体生态修复［M］. 北京：科学出版社，2011.

［7］ 赵家荣. 植物学水生花卉［M］. 北京：中国林业出版社，2002.

［8］ 刘建康. 高级水生生物学［M］. 北京：科学出版社，1999.

［9］ 陈双，等. 水生植物类型及生物量对污水处理厂尾水净化效果的影响［J］. 环境工程学报，2018（5）：1424-1433.

［10］ 李妙，等. 水生植物对污水净化功能的研究进展［J］. 山东林业科技，2017（5）：78-81.

［11］ 张倩妮，等. 29种水生植物对农村生活污水净化能力研究［J］. 农业资源与环境学报2019（3）：392-402.

［12］ 王佳，等. 9种常见植物的耐寒性分析［J］. 甘肃高师学报，2019（5）：29-32.

［13］ 张骞. 湿地水生植物的净化作用分析［J］. 山西农经，2018（15）：76.

［14］ 郭燕红. 北京地区荷花栽培养护技术［J］. 绿化与生活，2011（5）：32-33.

［15］ 李双梅. 豆瓣菜的高产栽培技术［J］. 蔬菜，2008（9）：34-35.

［16］ 卢漫，等. 水生植物种植及养护管理探析［J］. 园艺与种苗，2015（10）：29-31.

［17］ 侯盼. 园林水景植物的景观配置与生态研究［J］. 吉林农业，2019（11）：81.

［18］ 王钦，等. 北京市河流沉水植物水环境适应性研究［J］. 环境科学学报，2012（1）：30-36.

［19］ 滕如萍. 水生植物在园林水景中的应用研究［J］. 乡村科技，2018（13）：82-83.

［20］ 张希祥，等. 常见水生植物栽培技术措施［J］. 天津农林科技，2012（3）：17-18.

［21］ 吴璐璐. 水生植物配置对景观水体净化作用探讨［J］. 现代园艺，2015（2）：103-104.

［22］ 刘芳. 水生植物对水体景观作用概述［J］. 宿州教育学院学报，2019,6（22）：137-139.

［23］ 张晓. 水体景观设计中水生植物的选择［J］. 现代园艺，2018（20）：102-103.

［24］ 柳骅，夏宜平. 水生植物造景［J］. 中国园林，2003（3）：59-62.

［25］ 黄超，马林转. 水生植物的药用价值及其对水体净化作用的研究进展［J］// 第五届云南
省科协学术年会暨乌蒙山片区发展论坛论文集［C］. 2015.

参考文献